小学生でも99×99まで暗算できるドリル

東大医学部卒
河野塾ISM代表

河野玄斗

SB Creative

はじめに

さて、とつぜんですが、問題です。

21 × 32 の答えはなんでしょう？

ペンと紙を用意して、ひっ算を書こうとした人は、
ちょっとまってほしい。

この本でしょうかいする方法なら、
ひっ算を書かず、
しかも、たった３秒で答えを出すことができます。

むずかしい計算を、ぱっと暗算できたら、かっこいいですよね。

まほうみたいな計算法の名前は、
「**超インド式計算法**」！
これはぼくが考えた計算法です。

「インド式計算法」という有名な計算法があります。
インドの人は算数が大得意で、
計算もすごい速いことで知られています。
そんなインドの人が使っている計算法です。

しかし、「インド式計算法」は、
とき方をいくつもおぼえなければいけません。
しかも、どんな問題にも使えるわけでもありません。

「超インド式計算法」は、
「インド式計算法」をパワーアップさせた計算法です。
「超インド式計算法」なら、
99×99までのかけ算が、
九九ができる人ならだれでも、たった3ステップをおぼえるだけで、
すらすらととけるようになります！

どんなに計算が苦手でも、この本をやりきれば、
計算マスターになれるはず！
ぼくといっしょにがんばりましょう！

「超インド式計算法」は
こんなにすごい！

ひっ算を
書かなくて
いい!

計算が
速くなる!

計算が
楽しくなる!

計算ミスが
へる!

中学受験の
算数対策に
なる!

頭の
たいそうに
なる!

テストで
いい点が
とれる!

この本の使い方

計算がとても苦手な人や計算に自信がない人は
この本をはじめから順番に取り組みましょう。

99×99までが暗算できる方法をすぐにでも知りたい人は

14ページ〜と30ページ〜をチェックしましょう。

そして、知っただけでおわりにしたら、もったいないです。
練習問題にもチャレンジしてみましょう。

計算スピードを速めて、他の人と差をつけたい人は

この本の問題に、何度もくりかえしチャレンジしましょう。

コラムで紹介する方法にも、チャレンジしてみてください。

本の解説を読んでも、よく分からなかった人は

解説動画を見てみましょう。

考案者であるぼくが「超インド式計算法」のやり方や

コツについて、解説しました。

この本と動画のどちらもチェックすることで、

より理解が深まるはずです。

https://movie.sbcr.jp/e2CSN8f/

もくじ

大きい位から計算しよう!

ひっ算をするとき、一の位から計算しますよね。

しかし、「超インド式計算法」では、大きい位から計算します。

実は、計算が速い人たちも、大きい位から計算する人が多いのです。

「超インド式計算法」をはじめる前に、大きい位から計算する練習をしましょう。

たとえば、こんな感じです。

$$15 + 3 = 1$$　と書いてから、

$$15 + 3 = 18$$　と書きます。

さっそく練習してみましょう。

1　練習しよう

❶ $24 + 4 =$　　　　❺ $16 + 3 =$

❷ $1 + 28 =$　　　　❻ $3 + 54 =$

❸ $42 + 5 =$　　　　❼ $33 + 2 =$

❹ $8 + 20 =$　　　　❽ $6 + 81 =$

答えは112ページへ➡

2 練習しよう

① 15 + 64 =

② 45 + 14 =

③ 72 + 16 =

④ 64 + 12 =

⑤ 21 + 18 =

⑥ 16 + 32 =

⑦ 30 + 42 =

⑧ 81 + 15 =

⑨ 72 + 27 =

⑩ 35 + 13 =

⑪ 12 + 16 =

⑫ 18 + 20 =

⑬ 24 + 25 =

⑭ 27 + 20 =

⑮ 30 + 32 =

⑯ 40 + 42 =

⑰ 32 + 51 =

⑱ 34 + 23 =

⑲ 35 + 64 =

⑳ 28 + 21 =

答えは112ページへ➡

じゅんびうんどう① 大きい位から計算しよう！

くり上がりの足し算のコツ

くり上がりの足し算も、コツをつかめば、ひっ算を書かなくても、できるようになります。

コツ1 一の位どうしの和が「10より大きい数」になるかどうかをかくにんしよう。

$$10より大きい数になりそう$$

$$12 + 9 = 2\,\square$$

$$+1$$

一の位どうしの和が「10より大きい数」になりそうなので、
十の位の和に「1」を足します。

コツ2 一の位どうしの和の、一の位だけ考えよう！

$$12 + 9 =$$

$$2 + 9 = \square 1$$

2＋9の答えの一の位だけを考えてみましょう。2＋9の一の位の答えは、
1。

だから、

$$12 + 9 = 21$$

12＋9の答えは、21になります。

1 ▷ 練習しよう

① 4 + 36 =

② 54 + 8 =

③ 5 + 28 =

④ 32 + 9 =

⑤ 8 + 72 =

⑥ 6 + 15 =

⑦ 2 + 58 =

⑧ 42 + 8 =

⑨ 49 + 5 =

⑩ 12 + 9 =

⑪ 8 + 63 =

⑫ 25 + 7 =

⑬ 16 + 4 =

⑭ 49 + 1 =

⑮ 18 + 3 =

⑯ 7 + 54 =

一の位と十の位を足さないように気をつけよう。
12＋5は、62とはならないよ

答えは112ページへ➡

① 16 + 45 =

② 14 + 48 =

③ 35 + 25 =

④ 18 + 72 =

⑤ 35 + 56 =

⑥ 16 + 28 =

⑦ 14 + 18 =

⑧ 54 + 48 =

⑨ 25 + 27 =

⑩ 35 + 28 =

⑪ 16 + 24 =

⑫ 36 + 15 =

⑬ 45 + 45 =

⑭ 25 + 45 =

⑮ 12 + 49 =

⑯ 18 + 63 =

⑰ 72 + 18 =

⑱ 18 + 57 =

⑲ 29 + 29 =

⑳ 42 + 49 =

答えは112ページへ➡
こた

3 練習しよう

❶ 34 + 56 =

❷ 16 + 45 =

❸ 42 + 28 =

❹ 35 + 27 =

❺ 48 + 54 =

❻ 45 + 28 =

❼ 24 + 27 =

❽ 56 + 64 =

❾ 18 + 36 =

❿ 54 + 16 =

⓫ 16 + 18 =

⓬ 71 + 88 =

⓭ 36 + 27 =

⓮ 15 + 16 =

⓯ 28 + 45 =

⓰ 16 + 64 =

⓱ 35 + 27 =

⓲ 63 + 18 =

⓳ 14 + 49 =

⓴ 63 + 72 =

答えは112ページへ➡

レベル1 「超インド式計算法」 まほうの3ステップ

いよいよ、「超インド式計算法」の解説に入ります。

九九ができる人ならだれでも、しかもたった3ステップをおぼえるだけで、99×99までのかけ算を暗算することができます。

さあ、さっそく、3ステップをおぼえていきましょう！

ステップ① 十の位の数どうしをかけよう

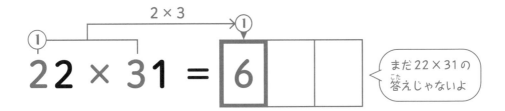

十の位の数どうしをかけると 2 × 3 = 6 になります。

ステップ② (そと×そと) ＋ (うち×うち)をしよう

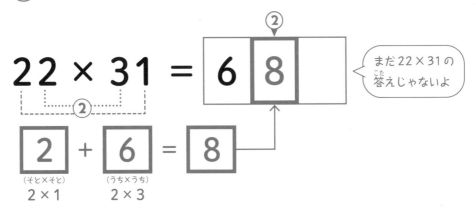

(そと×そと)は 2 × 1 = 2、(うち×うち)は 2 × 3 = 6。
足すと8になります。

ステップ③ 一の位の数どうしをかけよう

$$2 \times 1$$

③　　　　　　　　③

$$22 \times 31 = \boxed{6}\ \boxed{8}\ \boxed{2}$$

一の位の数どうしをかけると $2 \times 1 = 2$ になります。

超インド式計算法
まほうの3ステップまとめ

ステップ① 十の位の数どうしをかけよう

ステップ② (そと×そと)＋(うち×うち)をしよう

ステップ③ 一の位の数どうしをかけよう

ステップ① ステップ② ステップ③

ステップ①　ステップ③

$$22 \times 31 = \boxed{6}\ \boxed{8}\ \boxed{2}$$

……(うち×うち)……

ーー(そと×そと)ーー

ステップ②

1 ▶ 練習しよう

[ ] の中にあてはまる数字を入れましょう。

ステップ 1

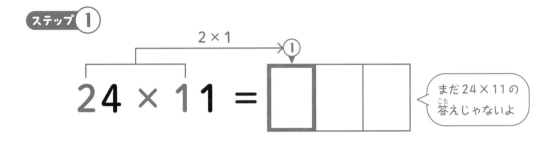

ステップ 2

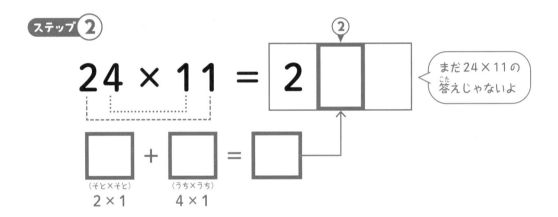

ステップ 3

$$24 \times 11 = \boxed{2}\,\boxed{6}\,\boxed{}$$ ③

$$\boxed{2} + \boxed{4} = \boxed{6}$$

（そと×そと）
2 × 1

（うち×うち）
4 × 1

答えは112ページへ➡

2 練習しよう

□ の中にあてはまる数字を入れましょう。

ステップ①

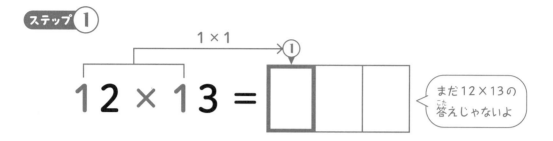

まだ12×13の
答えじゃないよ

ステップ②

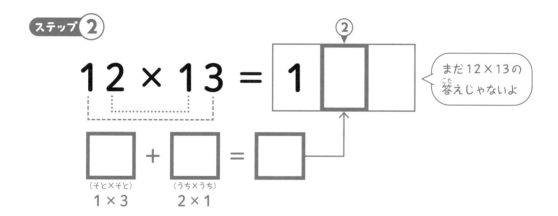

まだ12×13の
答えじゃないよ

ステップ③

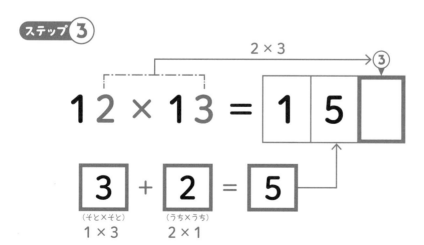

答えは113ページへ➡

□ の中にあてはまる数字を入れましょう。

ステップ ①

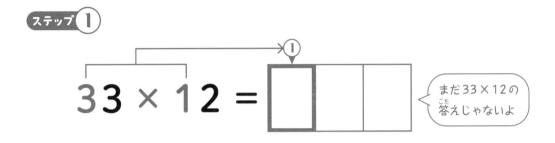

33 × 12 = ①□ □ □

まだ33×12の答えじゃないよ

ステップ ②

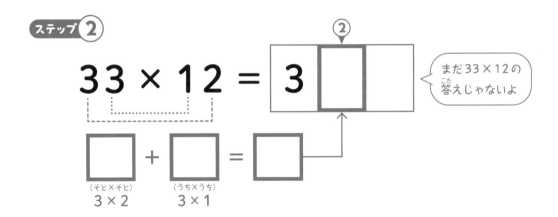

33 × 12 = 3 ②□ □

まだ33×12の答えじゃないよ

□ + □ = □

（そと×そと）3×2　（うち×うち）3×1

ステップ ③

33 × 12 = 3 9 ③□

6 + 3 = 9

（そと×そと）3×2　（うち×うち）3×1

答えは113ページへ➡

4 練習しよう

□ の中にあてはまる数字を入れましょう。

ステップ①

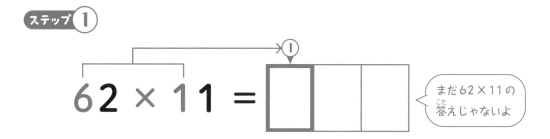

62 × 11 = [①] [ ] [ ]

> まだ62×11の
> 答えじゃないよ

ステップ②

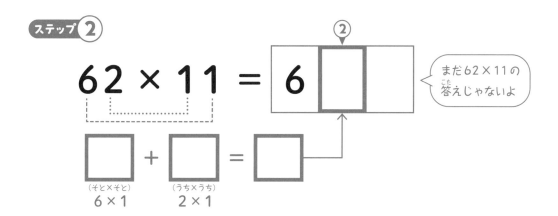

62 × 11 = 6 [②] [ ]

> まだ62×11の
> 答えじゃないよ

□ + □ = □

（そと×そと）
6×1

（うち×うち）
2×1

ステップ③

62 × 11 = 6 8 [③]

6 + 2 = 8

（そと×そと）
6×1

（うち×うち）
2×1

答えは113ページへ➡

5 ▸ 練習しよう

の中にあてはまる数字を入れましょう。

❶

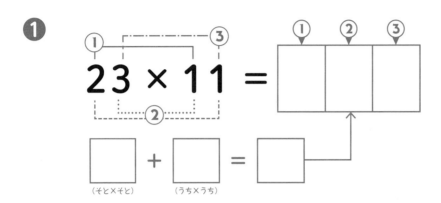

$$23 \times 11 = \boxed{}\ \boxed{}\ \boxed{}$$

$$\boxed{} + \boxed{} = \boxed{}$$

（そと×そと）　（うち×うち）

❷

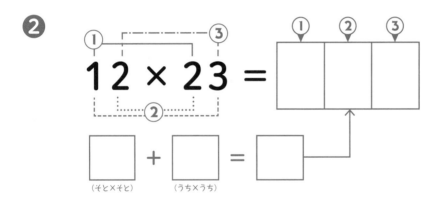

$$12 \times 23 = \boxed{}\ \boxed{}\ \boxed{}$$

$$\boxed{} + \boxed{} = \boxed{}$$

（そと×そと）　（うち×うち）

❸

$$31 \times 21 = \boxed{}\ \boxed{}\ \boxed{}$$

$$\boxed{} + \boxed{} = \boxed{}$$

（そと×そと）　（うち×うち）

答えは113ページへ➡

6 練習しよう

の中にあてはまる数字を入れましょう。

①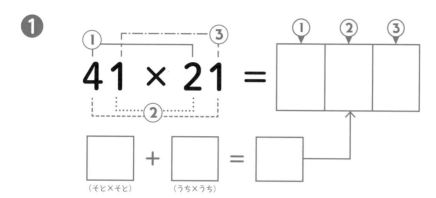

②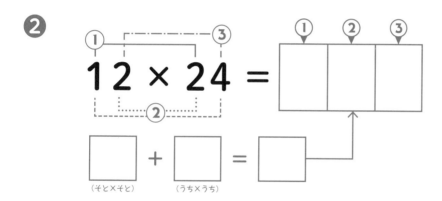

③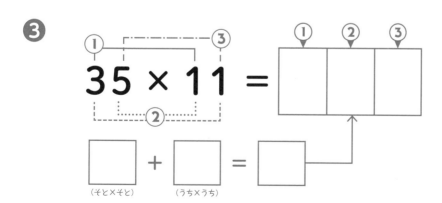

答えは113ページへ➡

7 練習しよう

□ の中にあてはまる数字を入れましょう。

①

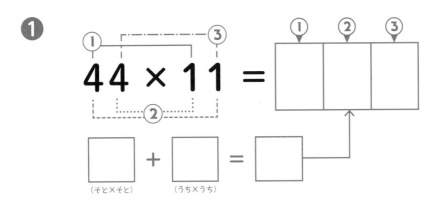

②

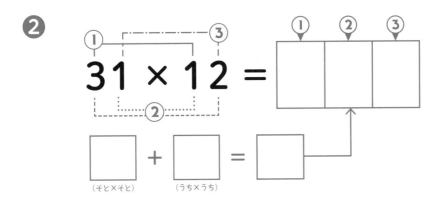

③

14 × 21 =

□ + □ = □
（そと×そと）　（うち×うち）

答えは113ページへ➡

8 練習しよう

□ の中にあてはまる数字を入れましょう。

❶

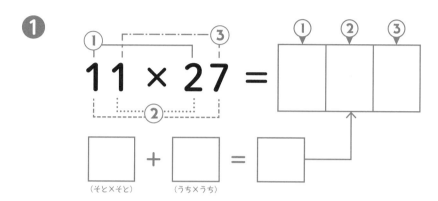

❷

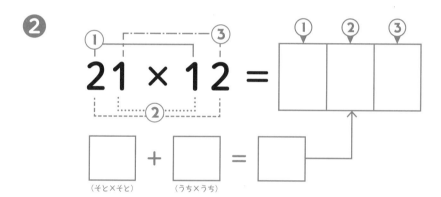

❸

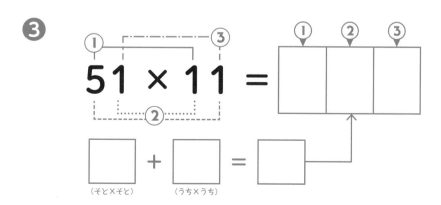

答えは113ページへ➡

23

9 ▶ 練習しよう

□ の中にあてはまる数字を入れましょう。

❶

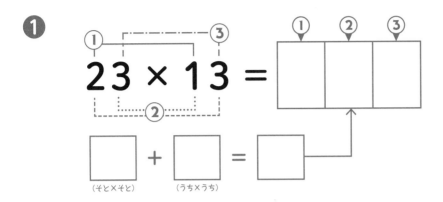

❷

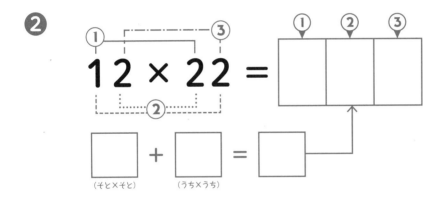

❸

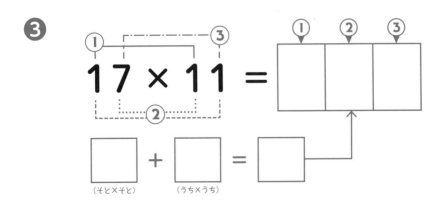

答えは114ページへ➡

10 練習しよう

□ の中にあてはまる数字を入れましょう。

①

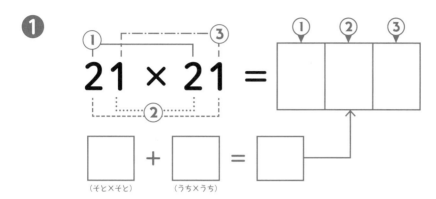

②

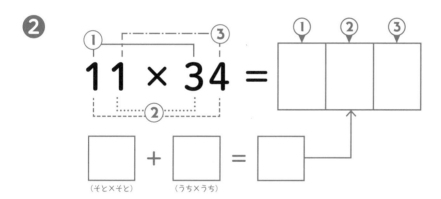

③

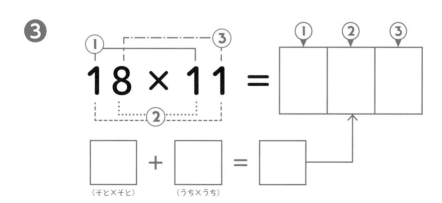

答えは114ページへ➡

「超インド式計算法」では、大きい位から計算します。
2けた×1けたを大きい位から計算する練習をしてみましょう。

$$42 \times 8 =$$

まず、一の位×一の位の答えの十の位を考えます。
2×8の答えは16だから、十の位は1。

$$4\fbox{2} \times \fbox{8} =$$

2　×　8 = $\fbox{1}$6
↓
十の位は1

次に、その1を、十の位×一の位の答えに足しましょう。
4×8の答えに1を足すから、33になります。

$$\fbox{4}2 \times \fbox{8} = 33$$

> まだ42×8の
> 答えじゃないよ

4　×　8 = 32 ┘+1

さいごに、2×8の答えの一の位を書きましょう。

$$42 \times 8 = 336$$

> 答えを書くときは、大きい位から書きこむことを
> わすれないようにしよう

1 ▷ 練習しよう

① $21 \times 3 =$

② $47 \times 2 =$

③ $45 \times 8 =$

④ $61 \times 7 =$

⑤ $31 \times 6 =$

⑥ $18 \times 2 =$

⑦ $82 \times 9 =$

⑧ $67 \times 2 =$

⑨ $62 \times 7 =$

⑩ $42 \times 5 =$

⑪ $91 \times 2 =$

⑫ $61 \times 3 =$

⑬ $17 \times 2 =$

⑭ $91 \times 3 =$

⑮ $43 \times 6 =$

⑯ $63 \times 2 =$

⑰ $52 \times 4 =$

⑱ $87 \times 2 =$

⑲ $21 \times 8 =$

⑳ $73 \times 5 =$

答えは114ページへ➡

① 76 × 4 =

② 89 × 3 =

③ 95 × 4 =

④ 34 × 5 =

⑤ 63 × 7 =

⑥ 64 × 5 =

⑦ 93 × 8 =

⑧ 56 × 4 =

⑨ 24 × 5 =

⑩ 29 × 3 =

⑪ 54 × 8 =

⑫ 43 × 9 =

⑬ 86 × 4 =

⑭ 37 × 3 =

⑮ 23 × 9 =

⑯ 36 × 4 =

⑰ 14 × 7 =

⑱ 26 × 5 =

⑲ 38 × 4 =

⑳ 75 × 5 =

答えは114ページへ➡
こた

3 練習しよう

① 28 × 9 =

② 57 × 7 =

③ 19 × 8 =

④ 48 × 7 =

⑤ 56 × 9 =

⑥ 49 × 6 =

⑦ 17 × 8 =

⑧ 29 × 5 =

⑨ 38 × 6 =

⑩ 35 × 8 =

⑪ 47 × 9 =

⑫ 15 × 8 =

⑬ 87 × 9 =

⑭ 36 × 8 =

⑮ 39 × 5 =

⑯ 17 × 6 =

⑰ 38 × 5 =

⑱ 48 × 6 =

⑲ 76 × 9 =

⑳ 19 × 5 =

答えは114ページへ➡

超インド式計算法なら 11 × 11 から 99 × 99 まで、

たった3ステップでとけるようになります。

では、

99 × 99 =

を3ステップでといてみましょう。

ステップ1は十の位の数×十の位の数だから、

9 × 9 = 81

……あれ、答えが2けたになってしまいました。

こんなときはどうしたらいいのでしょう?

次は、そんなときの計算方法を説明していきます。

安心してください。やることは、かんたん。

これまでに練習してきた3ステップにくわえて、

足し算をするだけです。

それでは、始めていきましょう。

ステップ ①

十の位の数どうしをかけて
その答えを①に入れよう

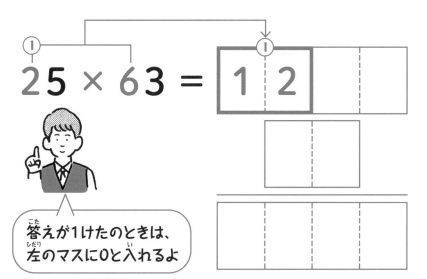

$25 × 63 = $　| 1 | 2 |

答えが1けたのときは、
左のマスに0と入れるよ

ステップ ②

(そと×そと)＋(うち×うち)をして
その答えを②に入れよう

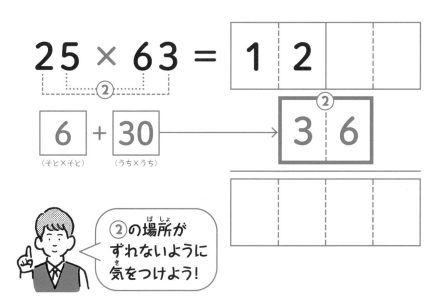

$25 × 63 = $　| 1 | 2 |

6 ＋ 30 → 3 6

(そと×そと)　(うち×うち)

②の場所が
ずれないように
気をつけよう！

$25 \times 63 = $ | 1 2 | | |

| | 3 6 |

ここでもないし

$25 \times 63 = $ | 1 2 | | |

| | 3 6 |

ここでもないよ

ステップ **3**

一の位どうしをかけて
その答えを ③ に入れよう

$25 \times 63 = $ | 1 2 | ③ 1 5 |

| 3 6 |

さいごに

同じ列どうしの数を足そう！

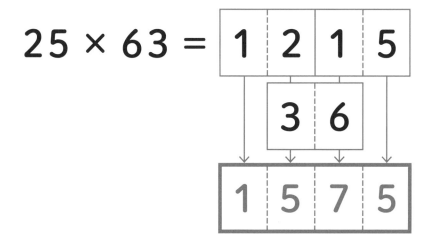

$$25 \times 63 =$$

できるようになるには、練習あるのみ！
次のページの練習問題をといてみよう

<ruby>練習<rt>れんしゅう</rt></ruby>しよう

ステップ ① と ステップ ③ の<ruby>答<rt>こた</rt></ruby>えを ☐ に<ruby>入<rt>い</rt></ruby>れましょう。

❶

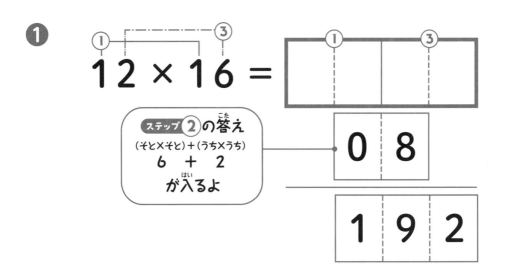

$12 \times 16 =$

ステップ ② の<ruby>答<rt>こた</rt></ruby>え
（そと×そと）＋（うち×うち）
6 ＋ 2
が<ruby>入<rt>はい</rt></ruby>るよ

0 8

1 9 2

❷

$42 \times 35 =$

2 6

1 4 7 0

<ruby>答<rt>こた</rt></ruby>えは115ページへ ➡

2 練習しよう

ステップ①　と　ステップ③　の答えを □ に入れましょう。

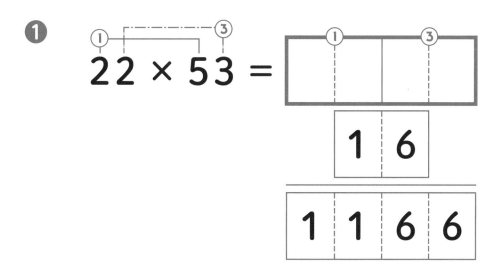

❶ $22 \times 53 =$

		1	6

1	1	6	6

❷ $73 \times 24 =$

		3	4

1	7	5	2

答えは115ページへ➡

ステップ①と ステップ③の答えを □ に入れましょう。

❶

$$34 \times 26 = $$

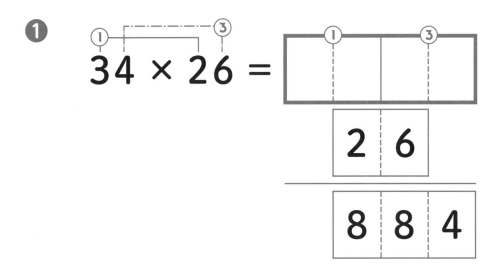

①	③

2	6

8	8	4

❷

$$81 \times 32 = $$

①	③

1	9

2	5	9	2

答えは115ページへ➡

4 ▶ 練習しよう

ステップ① と ステップ③ の答えを □ に入れましょう。

❶

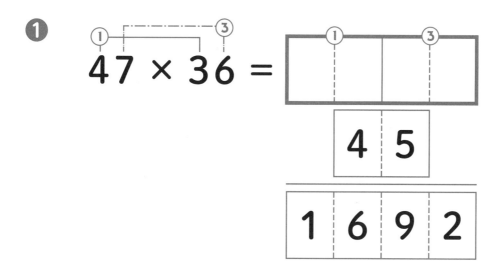

$47 \times 36 =$

①	③

4	5

1	6	9	2

❷

$54 \times 83 =$

①	③

4	7

4	4	8	2

答えは115ページへ➡

5 練習しよう

<ruby>練習<rt>れんしゅう</rt></ruby>しよう

ステップ ② の<ruby>答<rt>こた</rt></ruby>えを □ に<ruby>入<rt>い</rt></ruby>れましょう。

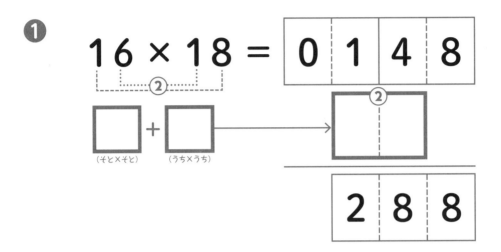

❶

$16 \times 18 =$

| 0 | 1 | 4 | 8 |

②

□ + □ ②

（そと×そと）　（うち×うち）

| 2 | 8 | 8 |

❷

$37 \times 11 =$

| 0 | 3 | 0 | 7 |

②

□ + □ ②

（そと×そと）　（うち×うち）

| 4 | 0 | 7 |

<ruby>答<rt>こた</rt></ruby>えは115ページへ➡

6 ▷ 練習しよう

ステップ② の答えを □ に入れましょう。

❶

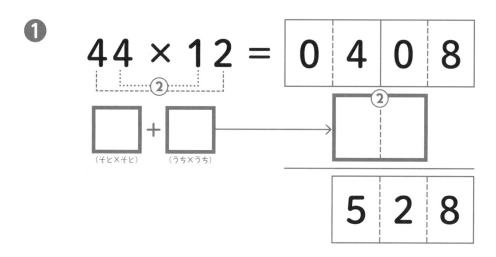

❷

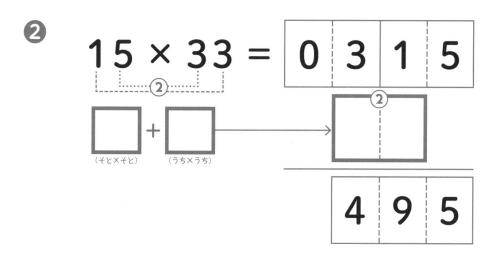

答えは115ページへ➡

ステップ② の答えを □ に入れましょう。

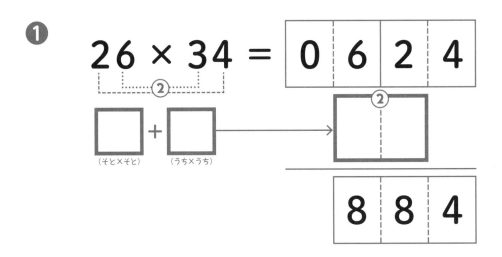

❶

$$26 \times 34 = \boxed{0\ 6\ 2\ 4}$$

□ （そと×そと） ＋ □ （うち×うち） → ②

8 8 4

❷

$$25 \times 19 = \boxed{0\ 2\ 4\ 5}$$

□ （そと×そと） ＋ □ （うち×うち） → ②

4 7 5

答えは116ページへ➡

8 練習しよう

ステップ② の答えを ☐ に入れましょう。

❶

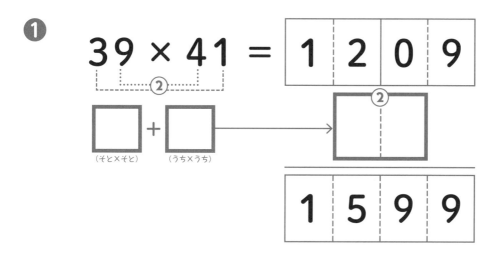

$$39 \times 41 = 1209$$

☐（そと×そと） ＋ ☐（うち×うち） → ②

1599

❷

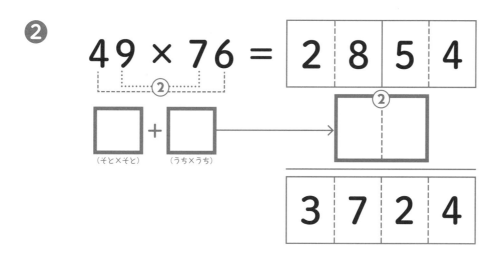

$$49 \times 76 = 2854$$

☐（そと×そと） ＋ ☐（うち×うち） → ②

3724

答えは116ページへ➡

□ にあてはまる数字を入れましょう。

ステップ ①

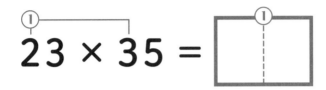

23 × 35 = ①

ステップの答えが1けたのときは、
左のマスに「0」を書こう

ステップ ②

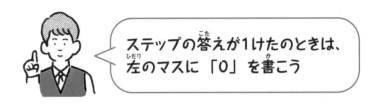

23 × 35 = | 0 | 6 |

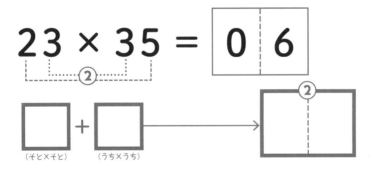

□ + □ ⟶ ②
（そと×そと） （うち×うち）

ステップ③

$$23 \times 35 = \boxed{0 \mid 6 \mid \boxed{} }^{③}$$

$$\boxed{10} + \boxed{9}$$

$$\boxed{1 \mid 9}$$

さいごに

$$23 \times 35 = \boxed{0 \mid 6 \mid 1 \mid 5}$$

$$\boxed{1 \mid 9}$$

$$\boxed{ \mid \mid }$$

答えは805になるね。
もう1問やってみよう

10

練習しよう

42ページと同じように、□ にあてはまる数字を入れましょう。

ステップ 1

① ⌐────────┐
56 × 17 = [①]

ステップの答えが1けたのときは、左のマスに「0」を書こう

ステップ 2

56 × 17 = | 0 | 5 |
　②

[　] + [　] ──────→ [②]
(そと×そと)　(うち×うち)

ステップ **3**

$$56 \times 17 = \boxed{0 \ \ 5} \ \boxed{}③$$

$$\boxed{35} + \boxed{6}$$

$$\boxed{4 \ \ 1}$$

さいごに

$$56 \times 17 = \boxed{0 \ \ 5 \ \ 4 \ \ 2}$$

$$\boxed{4 \ \ 1}$$

$$\boxed{}$$

答えは952になるね

にあてはまる数字を入れましょう。

❶

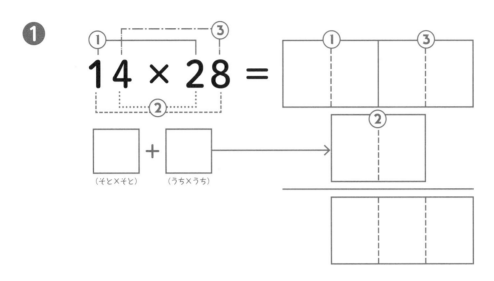

$$14 \times 28 =$$

（そと×そと） ＋ （うち×うち）

❷

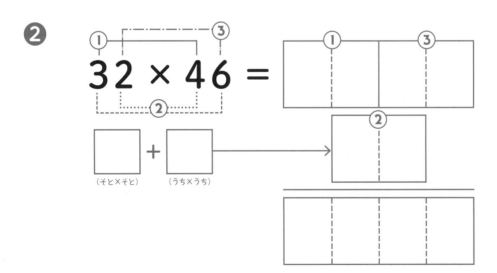

$$32 \times 46 =$$

（そと×そと） ＋ （うち×うち）

答えは116ページへ➡

12 練習しよう

にあてはまる数字を入れましょう。

①

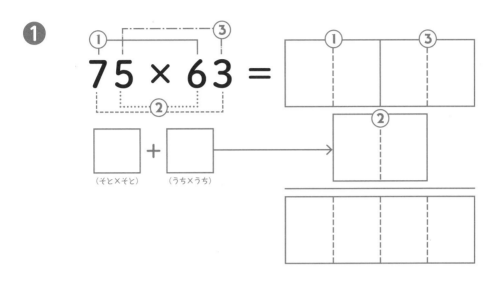

$$75 \times 63 =$$

（そと×そと）　＋　（うち×うち）

②

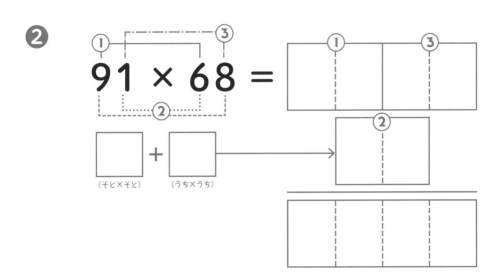

$$91 \times 68 =$$

（そと×そと）　＋　（うち×うち）

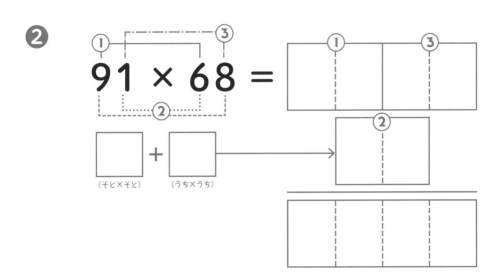

答えは116ページへ➡

にあてはまる数字を入れましょう。

❶

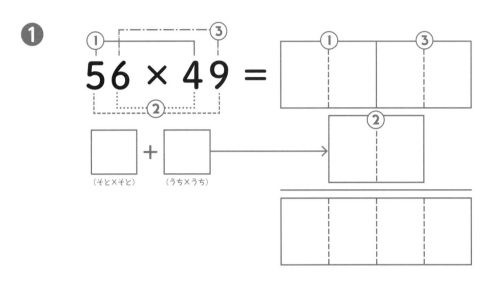

$$56 \times 49 =$$

（そと×そと） ＋ （うち×うち）

❷

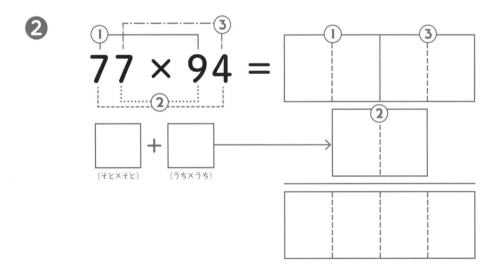

$$77 \times 94 =$$

（そと×そと） ＋ （うち×うち）

答えは116ページへ➡

14 練習しよう

にあてはまる数字を入れましょう。

❶

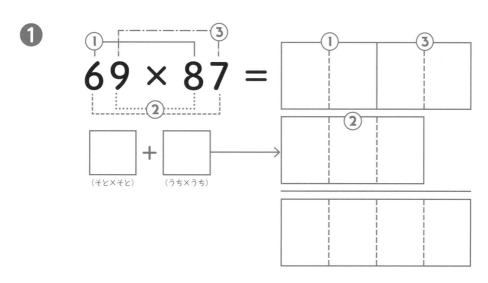

$$69 \times 87 =$$

（そと×そと）＋（うち×うち）

❷

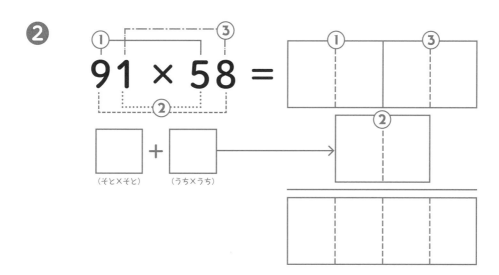

$$91 \times 58 =$$

（そと×そと）＋（うち×うち）

答えは116ページへ➡

少しずつ説明をへらしていきます。

わからなくなったら、これまでのページでかくにんしましょう。

❶

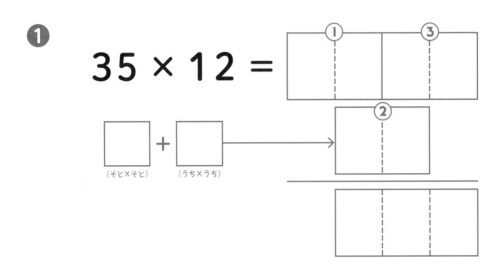

$$35 \times 12 =$$

（そと×そと）＋（うち×うち）

❷

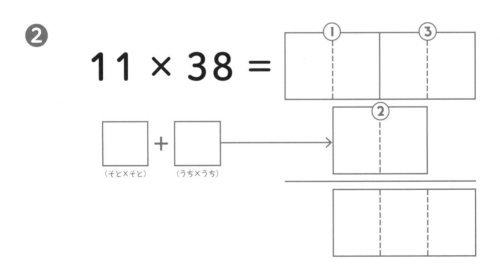

$$11 \times 38 =$$

（そと×そと）＋（うち×うち）

答えは117ページへ➡

16 練習しよう

少^{すこ}しずつ説明^{せつめい}をへらしていきます。

わからなくなったら、これまでのページでかくにんしましょう。

❶

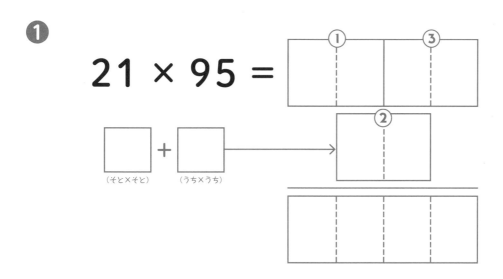

$$21 \times 95 =$$

（そと×そと）＋（うち×うち）

❷

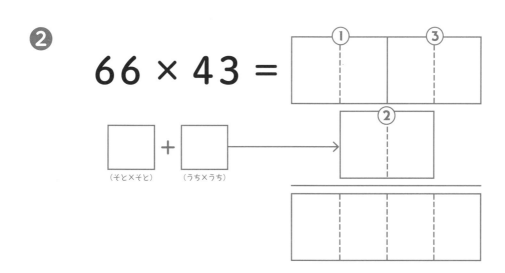

$$66 \times 43 =$$

（そと×そと）＋（うち×うち）

答^{こた}えは117ページへ➡

17 練習しよう

少しずつ説明をへらしていきます。

わからなくなったら、これまでのページでかくにんしましょう。

❶

$$22 \times 77 =$$

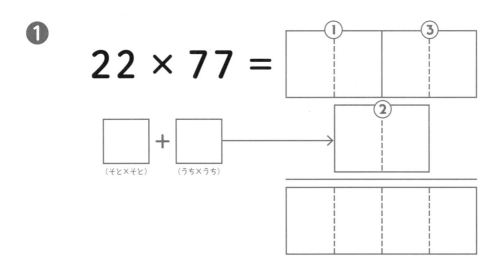

❷

$$13 \times 62 =$$

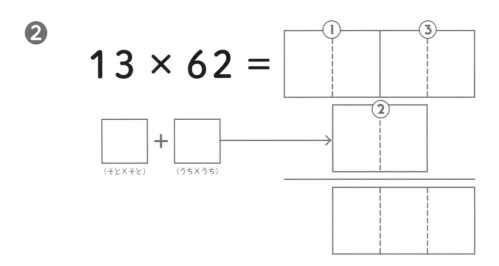

答えは117ページへ➡

18 練習しよう

少しずつ説明をへらしていきます。

わからなくなったら、これまでのページでかくにんしましょう。

❶
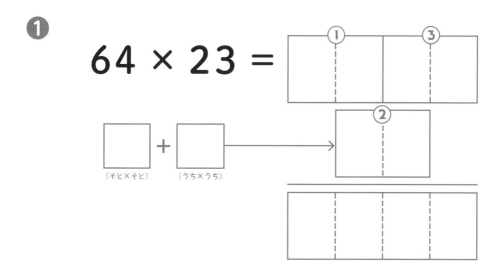

❷
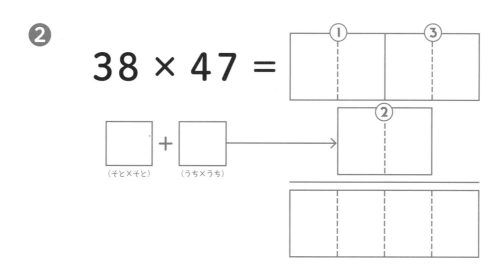

答えは117ページへ ➡

少しずつ説明をへらしていきます。

わからなくなったら、これまでのページでかくにんしましょう。

❶ 28 × 47 =

☐ + ☐

❷ 15 × 84 =

☐ + ☐

答えは117ページへ➡

20 練習しよう

少しずつ説明をへらしていきます。

わからなくなったら、これまでのページでかくにんしましょう。

❶

$$54 \times 27 =$$

☐ + ☐

❷

$$88 \times 19 =$$

☐ + ☐

答えは117ページへ ➡

少しずつ説明をへらしていきます。

わからなくなったら、これまでのページでかくにんしましょう。

❶ $45 \times 67 =$

☐ + ☐

❷ $21 \times 32 =$

☐ + ☐

答えは118ページへ➡

22 練習しよう

少しずつ説明をへらしていきます。

わからなくなったら、これまでのページでかくにんしましょう。

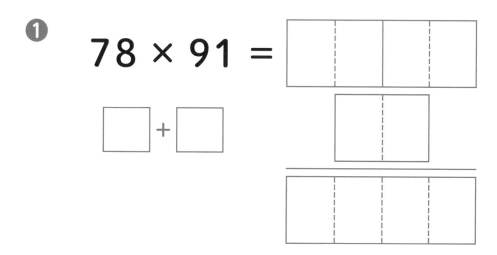

❶ 78 × 91 =

□ + □

❷ 34 × 56 =

□ + □

答えは118ページへ➡

おぼえたらもっと計算が速くなる！
インド式計算法 1

「インド式計算法」は、「超インド式計算法」と違って、いろんなときかたがあります。おぼえるのは大変ですが、おぼえた分だけ計算が速くなります。

インド式計算法 1 はこんなときに使える！

- 十の位が同じ数
- 一の位の和が10

この2つが当てはまるときは、こんなふうに計算しましょう。

ステップ ① （十の位の数）×（十の位の数＋1）

$$34 × 36 = 12$$

3 × （3＋1）

> まだ34×36の答えじゃないよ

ステップ ② （一の位の数）×（一の位の数）

$$34 × 36 = 1224$$

4 × 6

もちろん、「超インド式計算法」でも答えはもとめられるよ！でも、「インド式計算法」をおぼえていたら、もっとかんたんに答えが出せるね！

① 13 × 17 =

② 38 × 32 =

③ 61 × 69 =

④ 12 × 18 =

⑤ 25 × 25 =

⑥ 94 × 96 =

⑦ 15 × 15 =

⑧ 82 × 88 =

⑨ 14 × 16 =

⑩ 27 × 23 =

⑪ 49 × 41 =

⑫ 36 × 34 =

⑬ 68 × 62 =

⑭ 55 × 55 =

⑮ 67 × 63 =

⑯ 21 × 29 =

⑰ 83 × 87 =

⑱ 79 × 71 =

⑲ 54 × 56 =

⑳ 95 × 95 =

答えは118ページへ ➡

レベル3 ステップ2が 暗算できるようになろう！

ここで、「超インド式計算法」になれるために、ステップ2を暗算する練習をしましょう。

1 練習しよう

⬚ のなかには数字を入れずに、答えを求めてみましょう。

むずかしそうなら、⬚ に数字を入れましょう。

❶

$$24 \times 37$$

⬚ + ⬚ = ⬚

（そと×そと）　（うち×うち）

2×7　　4×3

❸

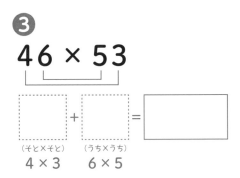

$$46 \times 53$$

⬚ + ⬚ = ⬚

（そと×そと）　（うち×うち）

4×3　　6×5

❷

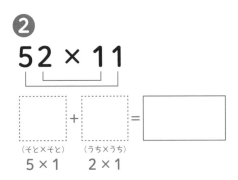

$$52 \times 11$$

⬚ + ⬚ = ⬚

（そと×そと）　（うち×うち）

5×1　　2×1

❹

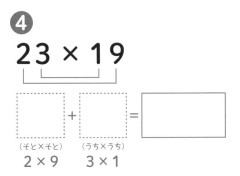

$$23 \times 19$$

⬚ + ⬚ = ⬚

（そと×そと）　（うち×うち）

2×9　　3×1

答えは118ページへ➡

2 練習しよう

のなかには数字を入れずに、答えを求めてみましょう。

むずかしそうなら、 に数字を入れましょう。

①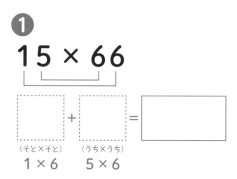

④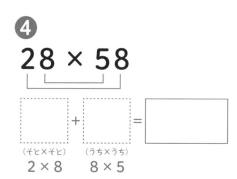

②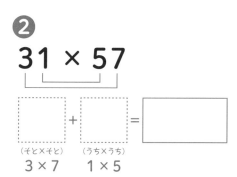

⑤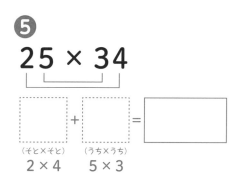

③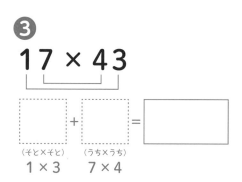

⑥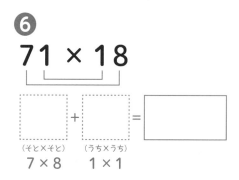

答えは118ページへ➡

のなかには数字を入れずに、答えを求めてみましょう。

むずかしそうなら、 に数字を入れましょう。

❶
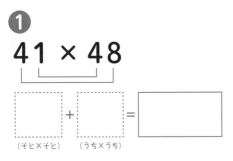

❷
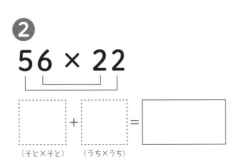

❸
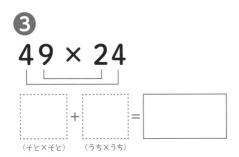

❹
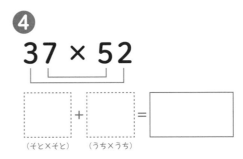

❺
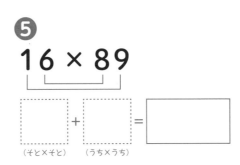

❻
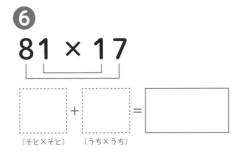

答えは119ページへ➡

4 ▶ 練習しよう

|　　　|のなかには数字を入れずに、答えを求めてみましょう。

むずかしそうなら、|　　　|に数字を入れましょう。

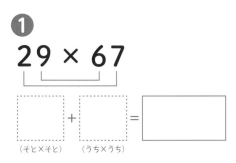

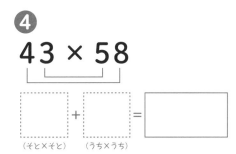

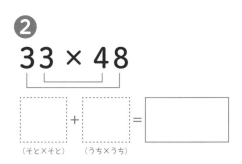

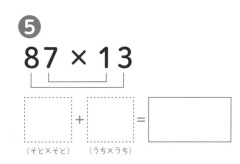

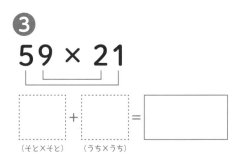

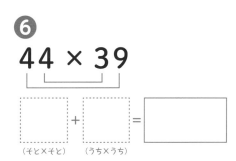

答えは119ページへ➡

ここからは、「超インド式計算法」を頭の中でできるように
練習しましょう。

コツは、足すところを2つに分けること！
4けたの答えをいきなり求めるのは、大変です。
であれば、千の位と百の位をはじめに考えて、
そのあと、十の位と一の位を考えてみましょう。

たとえば、43 × 52 のときを考えましょう。
まず、ステップ2の答えを②に入れます。

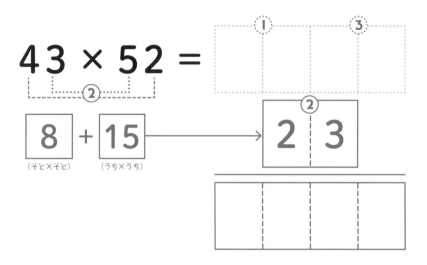

次に、千の位と百の位を考えましょう。
これは、ステップ1の答えとステップ2の十の位を足すと、求められます。
ステップ1の答えは、書きこまず、頭の中で思いうかべてみてください。

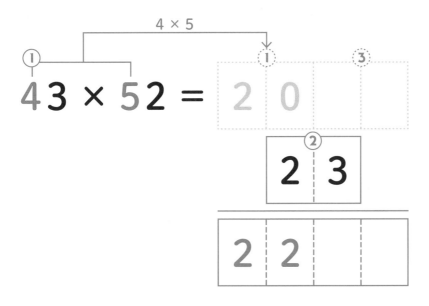

次に、十の位と一の位を考えてみましょう。

これは、ステップ3の答えとステップ2の一の位を足すと、求められます。

ステップ3の答えは、書きこまず、頭の中で思いうかべてみてください。

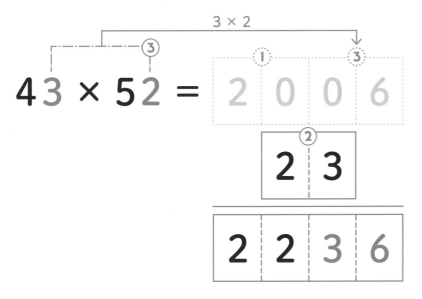

くりかえし練習すれば、だんだんできるようになるよ。
次のページから、どんどん練習していこう！

練習しよう

□ にはできるだけ書きこまず、頭の中で思いうかべてみましょう。
むずかしそうだったら、□ に数字を入れましょう。

❶ 29 × 16 =

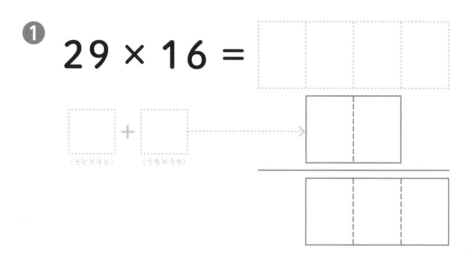

❷ 21 × 29 =

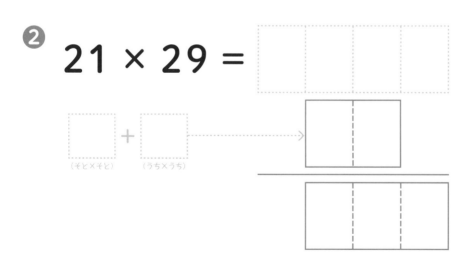

答えは119ページへ➡

2 ▶ 練習しよう

□ にはできるだけ書きこまず、頭の中で思いうかべてみましょう。
むずかしそうだったら、□ に数字を入れましょう。

❶

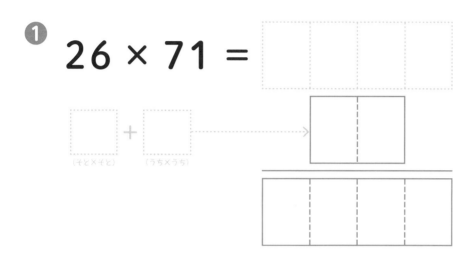

$$26 \times 71 =$$

❷

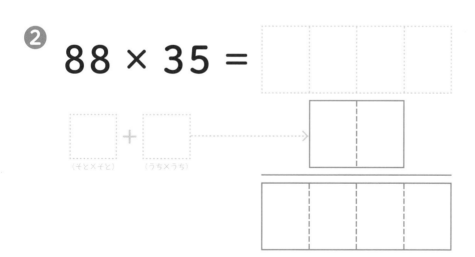

$$88 \times 35 =$$

答えは119ページへ ➡

3 練習しよう

にはできるだけ書きこまず、頭の中で思いうかべてみましょう。

むずかしそうだったら、 に数字を入れましょう。

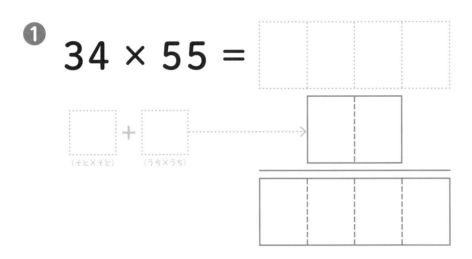

① 34 × 55 =

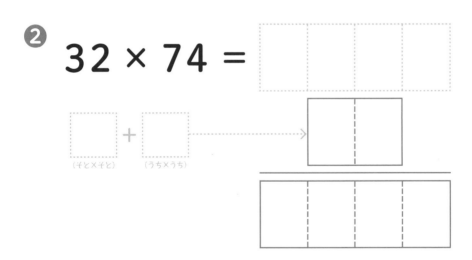

② 32 × 74 =

答えは119ページへ➡

4 練習しよう

　　にはできるだけ書きこまず、頭の中で思いうかべてみましょう。

むずかしそうだったら、　　に数字を入れましょう。

①

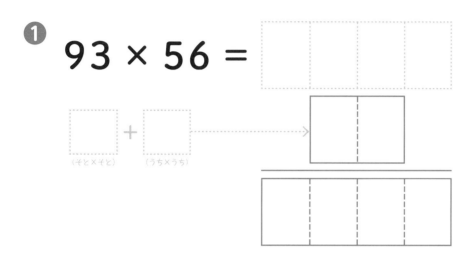

$$93 \times 56 =$$

②

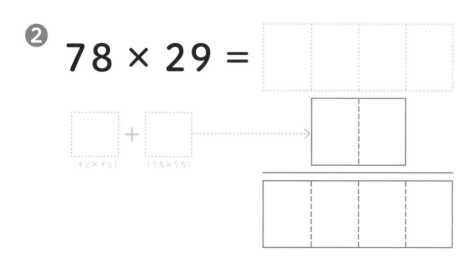

$$78 \times 29 =$$

答えは120ページへ➡

にはできるだけ書きこまず、頭の中で思いうかべてみましょう。

むずかしそうだったら、 に数字を入れましょう。

❶ 45 × 63 =

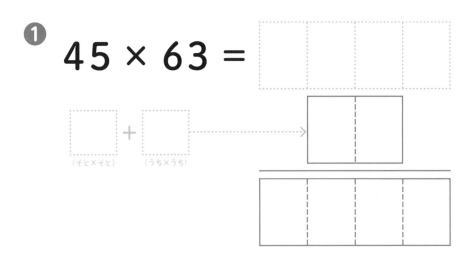

（千と×千と）　（うち×うち）

❷ 14 × 76 =

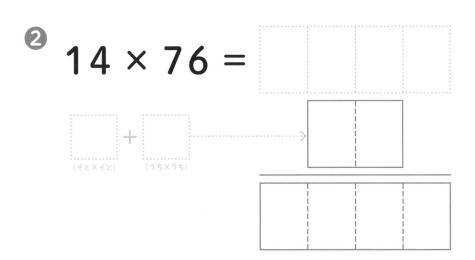

（千と×千と）　（うち×うち）

答えは120ページへ➡

6 ▶ 練習しよう

<ruby>練習<rt>れんしゅう</rt></ruby>

にはできるだけ<ruby>書<rt>か</rt></ruby>きこまず、<ruby>頭<rt>あたま</rt></ruby>の<ruby>中<rt>なか</rt></ruby>で<ruby>思<rt>おも</rt></ruby>いうかべてみましょう。

むずかしそうだったら、 に<ruby>数字<rt>すうじ</rt></ruby>を<ruby>入<rt>い</rt></ruby>れましょう。

❶ 51 × 28 =

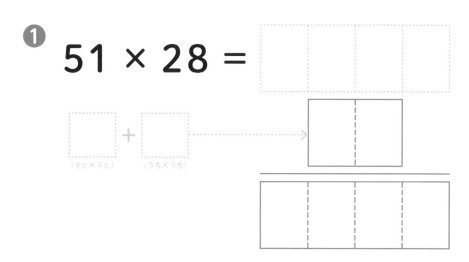

❷ 65 × 32 =

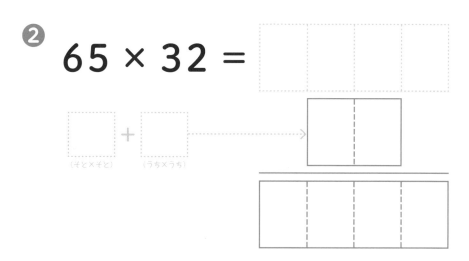

<ruby>答<rt>こた</rt></ruby>えは120ページへ➡

[　　] にはできるだけ書きこまず、頭の中で思いうかべてみましょう。

むずかしそうだったら、[　　] に数字を入れましょう。

❶ 54 × 37 =

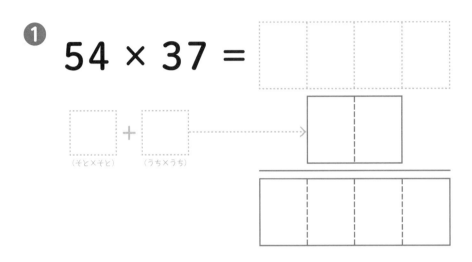

❷ 84 × 56 =

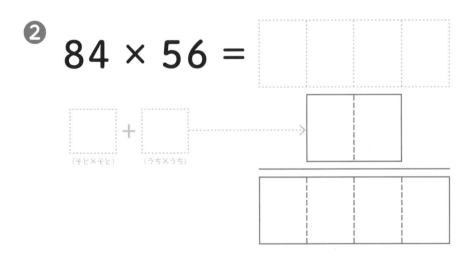

答えは120ページへ➡

8 練習しよう

　　　　にはできるだけ書きこまず、頭の中で思いうかべてみましょう。

むずかしそうだったら、　　　に数字を入れましょう。

❶
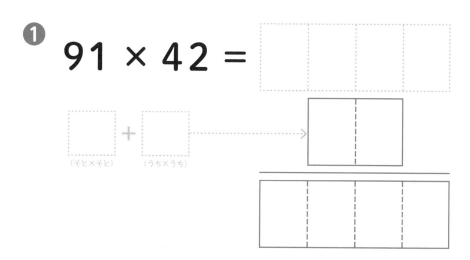

❷
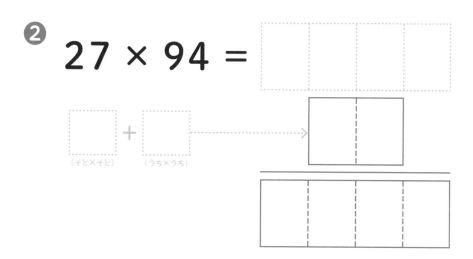

答えは120ページへ➡

□の数をへらしてみよう！

暗算に近づくために、□□□□を消します。

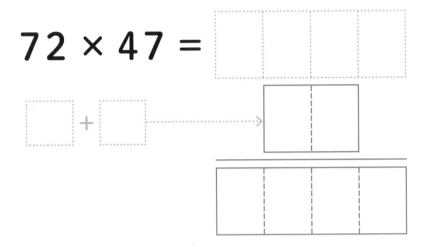

$$72 \times 47 =$$

さらに、問題と答えがとなりあうように、いどうさせました。
でもやることは、これまでと同じ。

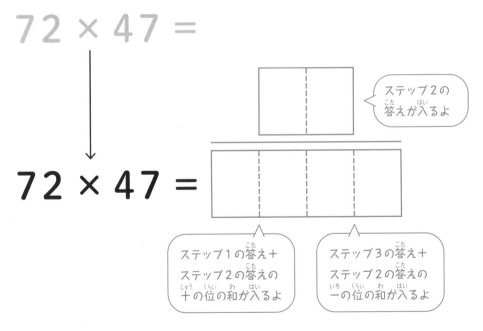

次のページから練習してみましょう。

1 練習しよう

①

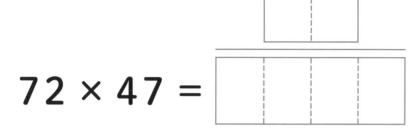

$$72 \times 47 =$$

②

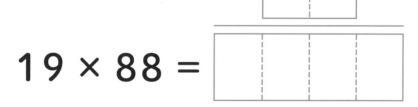

$$19 \times 88 =$$

③

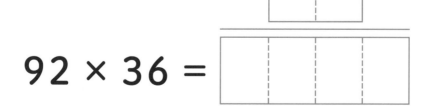

$$92 \times 36 =$$

答えは120ページへ ➡

❶

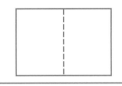

58 × 31 =

❷

62 × 19 =

❸

21 × 63 =

答えは121ページへ➡

3 **練習しよう**

①

$$45 \times 72 =$$

②

$$12 \times 79 =$$

③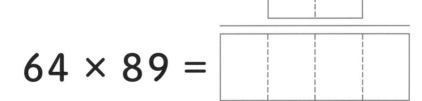

$$64 \times 89 =$$

答えは121ページへ➡

4 練習しよう

①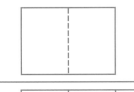

18 × 27 =

②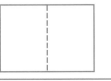

19 × 38 =

③

55 × 61 =

答えは121ページへ➡

5 練習しよう

❶

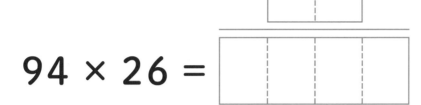

$$94 \times 26 =$$

❷

$$51 \times 74 =$$

❸

$$62 \times 63 =$$

答えは121ページへ➡

①

47 × 81 =

②

33 × 29 =

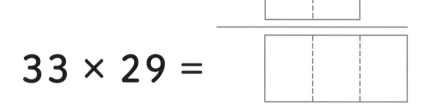

③

76 × 14 =

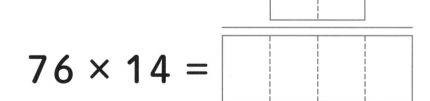

答えは121ページへ➡

7 練習しよう
<ruby>練習<rt>れんしゅう</rt></ruby>しよう

①

$92 × 64 =$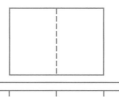

②

$27 × 88 =$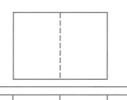

③

$11 × 54 =$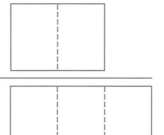

<ruby>答<rt>こた</rt></ruby>えは121ページへ➡

①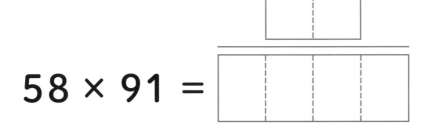

$$58 \times 91 =$$

②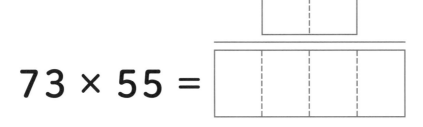

$$73 \times 55 =$$

③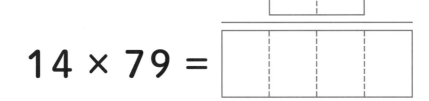

$$14 \times 79 =$$

答えは121ページへ➡

① れんしゅう

❶

$$18 \times 34 =$$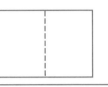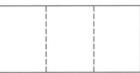

❷

$$31 \times 42 =$$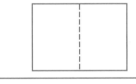

❸

$$86 \times 22 =$$

答えは122ページへ➡

 **練習しよう**

□ にはできるだけ書きこまず、頭の中で思いうかべてみましょう。
むずかしそうだったら、□ に数字を入れましょう。

❶

$$13 \times 15 =$$

❷

$$99 \times 16 =$$

❸

$$36 \times 92 =$$

答えは122ページへ➡

にはできるだけ書きこまず、頭の中で思いうかべてみましょう。
むずかしそうだったら、 にゅ 数字を入れましょう。

❶

$$26 \times 73 = $$

❷

$$61 \times 47 = $$

❸

$$93 \times 11 = $$

答えは122ページへ➡

にはできるだけ書きこまず、頭の中で思いうかべてみましょう。

むずかしそうだったら、 に数字を入れましょう。

① 72 × 15 =

② 64 × 92 =

③ 29 × 33 =

答えは122ページへ➡

13 練習しよう

　　　にはできるだけ書きこまず、頭の中で思いうかべてみましょう。
むずかしそうだったら、　　　に数字を入れましょう。

❶

$$83 \times 18 =$$

❷

$$12 \times 59 =$$

❸

$$41 \times 99 =$$

答えは122ページへ➡

14 練習しよう

□ にはできるだけ書きこまず、頭の中で思いうかべてみましょう。
むずかしそうだったら、□ に数字を入れましょう。

❶

54 × 78 =

❷

19 × 72 =

❸

34 × 28 =

答えは122ページへ➡

15 練習しよう

にはできるだけ書きこまず、頭の中で思いうかべてみましょう。

むずかしそうだったら、 に数字を入れましょう。

❶

$$34 × 31 =$$

❷

$$22 × 23 =$$

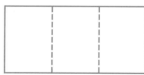

❸

$$17 × 16 =$$

答えは122ページへ➡

練習しよう

□ にはできるだけ書きこまず、頭の中で思いうかべてみましょう。
むずかしそうだったら、□ に数字を入れましょう。

❶

57 × 52 =

❷

62 × 63 =

❸

43 × 45 =

答えは123ページへ➡

17 練習しよう

　　にはできるだけ書きこまず、頭の中で思いうかべてみましょう。
むずかしそうだったら、　　に数字を入れましょう。

❶

$$87 \times 82 = $$

❷

$$73 \times 76 = $$

❸

$$29 \times 24 = $$

答えは123ページへ ➡

18 練習しよう

□にはできるだけ書きこまず、頭の中で思いうかべてみましょう。
むずかしそうだったら、□に数字を入れましょう。

❶

$$76 \times 83 = $$

❷

$$53 \times 14 = $$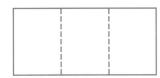

❸

$$89 \times 22 = $$

答えは123ページへ➡

練習しよう

にはできるだけ書きこまず、頭の中で思いうかべてみましょう。
むずかしそうだったら、 に数字を入れましょう。

❶

$17 \times 56 =$

❷

$48 \times 91 =$

❸

$21 \times 86 =$

答えは123ページへ➡

おぼえたらもっと計算が速くなる！
インド式計算法 2

「インド式計算法」のちがうパターンもしょうかいします。

インド式計算法 2 はこんなときに使える！

> ・一の位が同じ数
> ・十の位の和が10

この2つが当てはまるときは、こんなふうに計算しましょう。

ステップ① （十の位の数）×（十の位の数）＋（一の位の数）

$$72 \times 32 = 23 \ \ $$

7×3＋2

> まだ72×32の答えじゃないよ

ステップ② （一の位の数）×（一の位の数）

$$72 \times 32 = 2304$$

2 × 2

> ステップ2の答えが1けたの時は十の位に0をわすれずに書こう

練習しよう

① 11 × 91 =

② 33 × 73 =

③ 27 × 87 =

④ 54 × 54 =

⑤ 96 × 16 =

⑥ 72 × 32 =

⑦ 59 × 59 =

⑧ 83 × 23 =

⑨ 41 × 61 =

⑩ 18 × 98 =

⑪ 52 × 52 =

⑫ 69 × 49 =

⑬ 87 × 27 =

⑭ 44 × 64 =

⑮ 15 × 95 =

⑯ 62 × 42 =

⑰ 26 × 86 =

⑱ 31 × 71 =

⑲ 38 × 78 =

⑳ 43 × 63 =

答えは123ページへ➡

❶ 31 × 49 =

❻ 12 × 75 =

❷ 25 × 68 =

❼ 37 × 63 =

❸ 59 × 36 =

❽ 14 × 42 =

❹ 27 × 41 =

❾ 92 × 31 =

❺ 86 × 52 =

❿ 74 × 85 =

答えは124ページへ ➡

まとめテスト 2

（1問10点）

1回目	月　日	2回目	月　日	3回目	月　日
	分　秒		分　秒		分　秒
	点／100点		点／100点		点／100点

❶ 51 × 93 =

❷ 35 × 47 =

❸ 15 × 73 =

❹ 68 × 29 =

❺ 82 × 54 =

❻ 63 × 24 =

❼ 77 × 36 =

❽ 56 × 19 =

❾ 39 × 71 =

❿ 21 × 68 =

答えは124ページへ➡

まとめテスト ③
（1問10点）

❶ 92 × 15 =

❷ 19 × 86 =

❸ 57 × 34 =

❹ 18 × 57 =

❺ 46 × 39 =

❻ 52 × 76 =

❼ 91 × 22 =

❽ 69 × 47 =

❾ 43 × 59 =

❿ 95 × 38 =

答えは124ページへ➡

① $28 \times 63 =$

② $31 \times 88 =$

③ $26 \times 41 =$

④ $84 \times 33 =$

⑤ $47 \times 14 =$

⑥ $16 \times 87 =$

⑦ $53 \times 21 =$

⑧ $38 \times 92 =$

⑨ $71 \times 44 =$

⑩ $65 \times 29 =$

答えは124ページへ➡

❶ 47 × 25 =

❷ 32 × 19 =

❸ 21 × 94 =

❹ 68 × 73 =

❺ 58 × 46 =

❻ 96 × 51 =

❼ 15 × 87 =

❽ 69 × 14 =

❾ 81 × 32 =

❿ 23 × 67 =

答えは124ページへ➡

❶ $42 \times 76 =$

❷ $51 \times 38 =$

❸ $37 \times 92 =$

❹ $84 \times 21 =$

❺ $49 \times 35 =$

❻ $71 \times 64 =$

❼ $52 \times 69 =$

❽ $29 \times 41 =$

❾ $46 \times 57 =$

❿ $93 \times 74 =$

答えは124ページへ➡

まとめテスト 7

（1問10点）

❶ $16 \times 83 =$

❷ $86 \times 19 =$

❸ $35 \times 92 =$

❹ $74 \times 31 =$

❺ $63 \times 52 =$

❻ $27 \times 46 =$

❼ $38 \times 59 =$

❽ $92 \times 43 =$

❾ $19 \times 88 =$

❿ $63 \times 74 =$

答えは124ページへ➡

まとめテスト 8
（1問10点）

1回目	月 日
	分 秒
	点／100点

2回目	月 日
	分 秒
	点／100点

3回目	月 日
	分 秒
	点／100点

① $45 \times 67 =$

② $23 \times 89 =$

③ $78 \times 56 =$

④ $34 \times 21 =$

⑤ $89 \times 12 =$

⑥ $27 \times 43 =$

⑦ $43 \times 65 =$

⑧ $54 \times 32 =$

⑨ $12 \times 35 =$

⑩ $96 \times 35 =$

答えは125ページへ ➡

まとめテスト ⑨
（1問10点）

1回目	月 日
	分 秒
	点／100点

2回目	月 日
	分 秒
	点／100点

3回目	月 日
	分 秒
	点／100点

❶ $47 \times 66 =$

❷ $23 \times 89 =$

❸ $91 \times 24 =$

❹ $36 \times 79 =$

❺ $72 \times 56 =$

❻ $84 \times 65 =$

❼ $29 \times 47 =$

❽ $38 \times 52 =$

❾ $62 \times 31 =$

❿ $83 \times 42 =$

答えは125ページへ ➡

まとめテスト 10

（1問10点）

❶ $57 \times 68 =$

❷ $48 \times 25 =$

❸ $39 \times 73 =$

❹ $28 \times 53 =$

❺ $66 \times 92 =$

❻ $53 \times 79 =$

❼ $61 \times 48 =$

❽ $34 \times 72 =$

❾ $94 \times 86 =$

❿ $51 \times 52 =$

答えは125ページへ ➡

おぼえたらもっと計算が速くなる！
インド式計算法 3

「インド式計算法」のちがうパターンもしょうかいします。

インド式計算法 3 はこんなときに使える！

- 十の位が同じ数字
- 一の位の和が 10 ではないとき

この 2 つが当てはまるときは、こんなふうに計算しましょう。

ステップ① （1つめの2けた＋2つめの2けたの一の位）×（十の位の数）

$$32 × 39 = 123$$

> まだ 32 × 39 の答えじゃないよ

（32 ＋ 9）× 3 → ①

ステップ② （一の位）×（一の位）

$$32 × 39 = 123$$

2 × 9 → ② → 18

さいごに 同じ列の数どうしを足そう

$$
\begin{array}{r}
32 × 39 = 123 \\
18 \\
\hline
1248
\end{array}
$$

暗算がむずかしそうだったら、前のページ見ながら、ひっ算を書いてみよう！

❶ 13 × 15 =

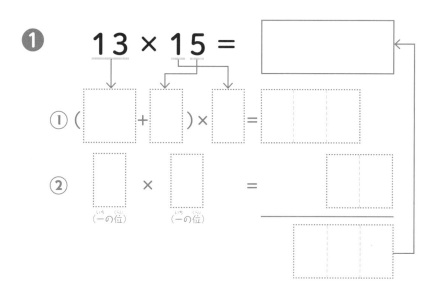

① (　 + 　) × 　 =

② 　 × 　 =
（一の位）　（一の位）

❷ 34 × 31 =

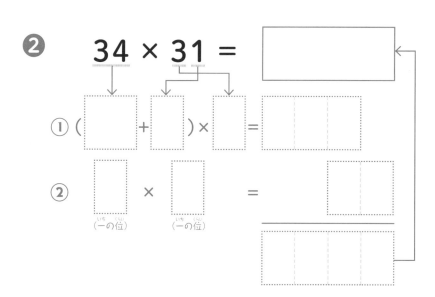

① (　 + 　) × 　 =

② 　 × 　 =
（一の位）　（一の位）

答えは125ページへ➡

「超インド式計算法」のたねあかし

「超インド式計算法」のたねあかしを、長方形の面積の求め方を使って、解説をします。

たとえば、28 × 74 の答えは、たて 28 とよこ 74 の長方形の面積と同じになります。

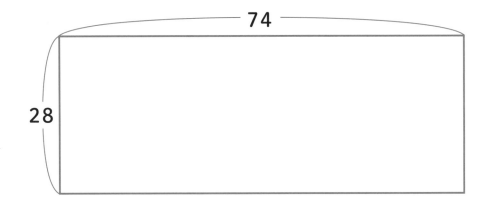

長方形のたて 28 を 20 と 8 にわけてみましょう。同じように、よこ 74 は 70 と 4 にわけてみましょう。

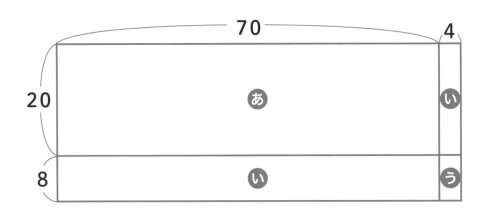

すると、たて28とよこ74の長方形の面積は、こんなふうに求められます。

$$28 \times 74$$

$$= \quad \text{⑤の面積} \quad + \quad \text{⑩の面積} \quad + \quad \text{⑤の面積}$$

$$= (20 \times 70) + (8 \times 70 + 20 \times 4) + (8 \times 4)$$

$$= 1400 + 640 + 32$$

$$= 2072$$

ここで、「超インド式計算法」のとちゅう式を見てみましょう。

ステップ① 十の位どうしをかけよう

これは、⑤の面積と同じになります。

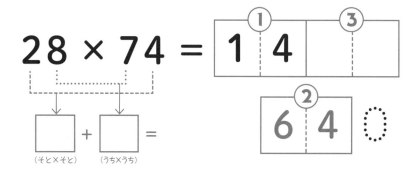

ステップ② そと×そと＋うち×うちをしよう

$28 × 74 =$

（そと×そと）＋（うち×うち）＝

これは、**い**の面積と同じになります。

ステップ③ 一の位どうしをかけよう

$28 × 74 =$

これは、**う**の面積と同じになります。

「超インド式計算法」は、最後に同じ列どうしの数をすべて足すから、答えは、次のようになります。

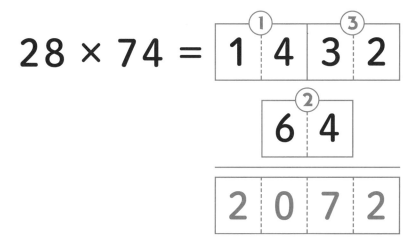

$$28 \times 74 = \begin{array}{|c|c|c|c|} \hline 1 & 4 & 3 & 2 \\ \hline \end{array}$$

これは、**あいう**の面積の合計と同じになります。

「超インド式計算法」は、とくべつなとき方をしているように見えますが、
やっていることは、実は、面積を求めているのと同じなのです。
これが、「超インド式計算法」のしくみです。

答え

じゅんびうんどう①　大きい位から計算しよう！

1 練習しよう（問題8ページ）

❶ 28　❷ 29　❸ 47　❹ 28　❺ 19　❻ 57　❼ 35　❽ 87

2 練習しよう（問題9ページ）

❶ 79　❷ 59　❸ 88　❹ 76　❺ 39　❻ 48　❼ 72　❽ 96　❾ 99
❿ 48　⓫ 28　⓬ 38　⓭ 49　⓮ 47　⓯ 62　⓰ 82　⓱ 83　⓲ 57
⓳ 99　⓴ 49

1 練習しよう（問題11ページ）

❶ 40　❷ 62　❸ 33　❹ 41　❺ 80　❻ 21　❼ 60　❽ 50　❾ 54
❿ 21　⓫ 71　⓬ 32　⓭ 20　⓮ 50　⓯ 21　⓰ 61

2 練習しよう（問題12ページ）

❶ 61　❷ 62　❸ 60　❹ 90　❺ 91　❻ 44　❼ 32　❽ 102　❾ 52
❿ 63　⓫ 40　⓬ 51　⓭ 90　⓮ 70　⓯ 61　⓰ 81　⓱ 90　⓲ 75
⓳ 58　⓴ 91

3 練習しよう（問題13ページ）

❶ 90　❷ 61　❸ 70　❹ 62　❺ 102　❻ 73　❼ 51　❽ 120　❾ 54
❿ 70　⓫ 34　⓬ 159　⓭ 63　⓮ 31　⓯ 73　⓰ 80　⓱ 62　⓲ 81
⓳ 63　⓴ 135

レベル1 「超インド式計算法」まほうの3ステップ

1 練習しよう（問題16ページ）

ステップ① $24 \times 11 = \boxed{2}\ \boxed{}\ \boxed{}$　　ステップ② $24 \times 11 = \boxed{2}\ \boxed{6}\ \boxed{}$　　ステップ③ $24 \times 11 = \boxed{2}\ \boxed{6}\ \boxed{4}$

$\boxed{2} + \boxed{4} = \boxed{6}$
（十と×十と）（うち×うち）

112

2 ▷ 練習しよう（問題17ページ）

ステップ① 12 × 13 = |1| | |　　ステップ② 12 × 13 = |1|5|　　ステップ③ 12 × 13 = |1|5|6|
　　　　　　　　　　　　　　　　|3|＋|2|＝|5|
　　　　　　　　　　　　　（十と×十と）（うち×うち）

3 ▷ 練習しよう（問題18ページ）

ステップ① 33 × 12 = |3| | |　　ステップ② 33 × 12 = |3|9|　　ステップ③ 33 × 12 = |3|9|6|
　　　　　　　　　　　　　　　　|6|＋|3|＝|9|
　　　　　　　　　　　　　（十と×十と）（うち×うち）

4 ▷ 練習しよう（問題19ページ）

ステップ① 62 × 11 = |6| | |　　ステップ② 62 × 11 = |6|8|　　ステップ③ 62 × 11 = |6|8|2|
　　　　　　　　　　　　　　　　|6|＋|2|＝|8|
　　　　　　　　　　　　　（十と×十と）（うち×うち）

5 ▷ 練習しよう（問題20ページ）

❶ 23 × 11 = |2|5|3|　　❷ 12 × 23 = |2|7|6|　　❸ 31 × 21 = |6|5|1|
|2|＋|3|＝|5|　　　　　|3|＋|4|＝|7|　　　　|3|＋|2|＝|5|
（十と×十と）（うち×うち）　（十と×十と）（うち×うち）　（十と×十と）（うち×うち）

6 ▷ 練習しよう（問題21ページ）

❶ 41 × 21 = |8|6|1|　　❷ 12 × 24 = |2|8|8|　　❸ 35 × 11 = |3|8|5|
|4|＋|2|＝|6|　　　　　|4|＋|4|＝|8|　　　　|3|＋|5|＝|8|
（十と×十と）（うち×うち）　（十と×十と）（うち×うち）　（十と×十と）（うち×うち）

7 ▷ 練習しよう（問題22ページ）

❶ 44 × 11 = |4|8|4|　　❷ 31 × 12 = |3|7|2|　　❸ 14 × 21 = |2|9|4|
|4|＋|4|＝|8|　　　　　|6|＋|1|＝|7|　　　　|1|＋|8|＝|9|
（十と×十と）（うち×うち）　（十と×十と）（うち×うち）　（十と×十と）（うち×うち）

8 ▷ 練習しよう（問題23ページ）

❶ 11 × 27 = |2|9|7|　　❷ 21 × 12 = |2|5|2|　　❸ 51 × 11 = |5|6|1|
|7|＋|2|＝|9|　　　　　|4|＋|1|＝|5|　　　　|5|＋|1|＝|6|
（十と×十と）（うち×うち）　（十と×十と）（うち×うち）　（十と×十と）（うち×うち）

9 練習しよう（問題24ページ）

❶ 23 × 13 = |2|9|9|　　❷ 12 × 22 = |2|6|4|　　❸ 17 × 11 = |1|8|7|

|6| + |3| = |9|　　|2| + |4| = |6|　　|1| + |7| = |8|

_{(千と×千と) (うち×うち)}　　_{(千と×千と) (うち×うち)}　　_{(千と×千と) (うち×うち)}

10 練習しよう（問題25ページ）

❶ 21 × 21 = |4|4|1|　　❷ 11 × 34 = |3|7|4|　　❸ 18 × 11 = |1|9|8|

|2| + |2| = |4|　　|4| + |3| = |7|　　|1| + |8| = |9|

_{(千と×千と) (うち×うち)}　　_{(千と×千と) (うち×うち)}　　_{(千と×千と) (うち×うち)}

じゅんびうんどう②　2けた×1けたの練習をしよう！

1 練習しよう（問題27ページ）

❶ 63　❷ 94　❸ 360　❹ 427　❺ 186　❻ 36　❼ 738　❽ 134

❾ 434　❿ 210　⓫ 182　⓬ 183　⓭ 34　⓮ 273　⓯ 258　⓰ 126

⓱ 208　⓲ 174　⓳ 168　⓴ 365

2 練習しよう（問題28ページ）

❶ 304　❷ 267　❸ 380　❹ 170　❺ 441　❻ 320　❼ 744　❽ 224

❾ 120　❿ 87　⓫ 432　⓬ 387　⓭ 344　⓮ 111　⓯ 207　⓰ 144

⓱ 98　⓲ 130　⓳ 152　⓴ 375

3 練習しよう（問題29ページ）

❶ 252　❷ 399　❸ 152　❹ 336　❺ 504　❻ 294　❼ 136　❽ 145

❾ 228　❿ 280　⓫ 423　⓬ 120　⓭ 783　⓮ 288　⓯ 195　⓰ 102

⓱ 190　⓲ 288　⓳ 684　⓴ 95

レベル2 ステップの答えが２けたになるときの「超インド式計算法」

1 練習しよう（問題34ページ）

❶ 12×16 = | 0 | 1 | 1 | 2 |
　　　　　　　| 0 | 8 |
　　　　　　| 1 | 9 | 2 |

❷ 42×35 = | 1 | 2 | 1 | 0 |
　　　　　　　| 2 | 6 |
　　　　　　| 1 | 4 | 7 | 0 |

2 練習しよう（問題35ページ）

❶ 22×53 = | 1 | 0 | 0 | 6 |
　　　　　　　| 1 | 6 |
　　　　　　| 1 | 1 | 6 | 6 |

❷ 73×24 = | 1 | 4 | 1 | 2 |
　　　　　　　| 3 | 4 |
　　　　　　| 1 | 7 | 5 | 2 |

3 練習しよう（問題36ページ）

❶ 34×26 = | 0 | 6 | 2 | 4 |
　　　　　　　| 2 | 6 |
　　　　　　| 8 | 8 | 4 |

❷ 81×32 = | 2 | 4 | 0 | 2 |
　　　　　　　| 1 | 9 |
　　　　　　| 2 | 5 | 9 | 2 |

4 練習しよう（問題37ページ）

❶ 47×36 = | 1 | 2 | 4 | 2 |
　　　　　　　| 4 | 5 |
　　　　　　| 1 | 6 | 9 | 2 |

❷ 54×83 = | 4 | 0 | 1 | 2 |
　　　　　　　| 4 | 7 |
　　　　　　| 4 | 4 | 8 | 2 |

5 練習しよう（問題38ページ）

❶ 16×18 = | 0 | 1 | 4 | 8 |
　　　 | 8 | + | 6 | → | 1 | 4 |
　　　（そと×そと）（うち×うち）
　　　　　　| 2 | 8 | 8 |

❷ 37×11 = | 0 | 3 | 0 | 7 |
　　　 | 3 | + | 7 | → | 1 | 0 |
　　　（そと×そと）（うち×うち）
　　　　　　| 4 | 0 | 7 |

6 練習しよう（問題39ページ）

❶ 44×12 = | 0 | 4 | 0 | 8 |
　　　 | 8 | + | 4 | → | 1 | 2 |
　　　（そと×そと）（うち×うち）
　　　　　　| 5 | 2 | 8 |

❷ 15×33 = | 0 | 3 | 1 | 5 |
　　　 | 3 | + | 15 | → | 1 | 8 |
　　　（そと×そと）（うち×うち）
　　　　　　| 4 | 9 | 5 |

7 練習しよう（問題40ページ）

① 26 × 34 = 0 6 2 4
8 + 18 → 2 6
（そと×そと）（うち×うち）
8 8 4

② 25 × 19 = 0 2 4 5
18 + 5 → 2 3
（そと×そと）（うち×うち）
4 7 5

8 練習しよう（問題41ページ）

① 39 × 41 = 1 2 0 9
3 + 36 → 3 9
（そと×そと）（うち×うち）
1 5 9 9

② 49 × 76 = 2 8 5 4
24 + 63 → 8 7
（そと×そと）（うち×うち）
3 7 2 4

11 練習しよう（問題46ページ）

① 14 × 28 = 0 2 3 2
8 + 8   1 6
（そと×そと）（うち×うち）
3 9 2

② 32 × 46 = 1 2 1 2
18 + 8   2 6
（そと×そと）（うち×うち）
1 4 7 2

12 練習しよう（問題47ページ）

① 75 × 63 = 4 2 1 5
21 + 30   5 1
（そと×そと）（うち×うち）
4 7 2 5

② 91 × 68 = 5 4 0 8
72 + 6   7 8
（そと×そと）（うち×うち）
6 1 8 8

13 練習しよう（問題48ページ）

① 56 × 49 = 2 0 5 4
45 + 24   6 9
（そと×そと）（うち×うち）
2 7 4 4

② 77 × 94 = 6 3 2 8
28 + 63   9 1
（そと×そと）（うち×うち）
7 2 3 8

14 練習しよう（問題49ページ）

① 69 × 87 = 4 8 6 3
42 + 72   1 1 4
（そと×そと）（うち×うち）
6 0 0 3

② 91 × 58 = 4 5 0 8
72 + 5   7 7
（そと×そと）（うち×うち）
5 2 7 8

15 練習しよう（問題50ページ）

❶ 35×12＝ | 0 | 3 | 1 | 0 |

| 6 | ＋ | 5 |　| 1 | 1 |
（せひ×せひ）（うち×うち）

| | 4 | 2 | 0 |

❷ 11×38＝ | 0 | 3 | 0 | 8 |

| 8 | ＋ | 3 |　| 1 | 1 |
（せひ×せひ）（うち×うち）

| | 4 | 1 | 8 |

16 練習しよう（問題51ページ）

❶ 21×95＝ | 1 | 8 | 0 | 5 |

| 10 | ＋ | 9 |　| 1 | 9 |
（せひ×せひ）（うち×うち）

| 1 | 9 | 9 | 5 |

❷ 66×43＝ | 2 | 4 | 1 | 8 |

| 18 | ＋ | 24 |　| 4 | 2 |
（せひ×せひ）（うち×うち）

| 2 | 8 | 3 | 8 |

17 練習しよう（問題52ページ）

❶ 22×77＝ | 1 | 4 | 1 | 4 |

| 14 | ＋ | 14 |　| 2 | 8 |
（せひ×せひ）（うち×うち）

| 1 | 6 | 9 | 4 |

❷ 13×62＝ | 0 | 6 | 0 | 6 |

| 2 | ＋ | 18 |　| 2 | 0 |
（せひ×せひ）（うち×うち）

| | 8 | 0 | 6 |

18 練習しよう（問題53ページ）

❶ 64×23＝ | 1 | 2 | 1 | 2 |

| 18 | ＋ | 8 |　| 2 | 6 |
（せひ×せひ）（うち×うち）

| 1 | 4 | 7 | 2 |

❷ 38×47＝ | 1 | 2 | 5 | 6 |

| 21 | ＋ | 32 |　| 5 | 3 |
（せひ×せひ）（うち×うち）

| 1 | 7 | 8 | 6 |

19 練習しよう（問題54ページ）

❶ 28×47＝ | 0 | 8 | 5 | 6 |

| 14 | ＋ | 32 |　| 4 | 6 |
（せひ×せひ）（うち×うち）

| 1 | 3 | 1 | 6 |

❷ 15×84＝ | 0 | 8 | 2 | 0 |

| 4 | ＋ | 40 |　| 4 | 4 |
（せひ×せひ）（うち×うち）

| 1 | 2 | 6 | 0 |

20 練習しよう（問題55ページ）

❶ 54×27＝ | 1 | 0 | 2 | 8 |

| 35 | ＋ | 8 |　| 4 | 3 |
（せひ×せひ）（うち×うち）

| 1 | 4 | 5 | 8 |

❷ 88×19＝ | 0 | 8 | 7 | 2 |

| 72 | ＋ | 8 |　| 8 | 0 |
（せひ×せひ）（うち×うち）

| 1 | 6 | 7 | 2 |

21 練習しよう（問題56ページ）

❶ 45×67 = | 2 | 4 | 3 | 5 |

| 28 | + | 30 | | | | 5 | 8 | |
（千と×千と）（うち×うち）

| 3 | 0 | 1 | 5 |

❷ 21×32 = | 0 | 6 | 0 | 2 |

| 4 | + | 3 | | | | 0 | 7 | |
（千と×千と）（うち×うち）

| 6 | 7 | 2 |

22 練習しよう（問題57ページ）

❶ 78×91 = | 6 | 3 | 0 | 8 |

| 7 | + | 72 | | | | 7 | 9 | |
（千と×千と）（うち×うち）

| 7 | 0 | 9 | 8 |

❷ 34×56 = | 1 | 5 | 2 | 4 |

| 18 | + | 20 | | | | 3 | 8 | |
（千と×千と）（うち×うち）

| 1 | 9 | 0 | 4 |

コラム1 おぼえたらもっと計算が速くなる！ **インド式計算法 1**

1 練習しよう（問題59ページ）

❶ 221　❷ 1216　❸ 4209　❹ 216　❺ 625　❻ 9024　❼ 225

❽ 7216　❾ 224　❿ 621　⓫ 2009　⓬ 1224　⓭ 4216　⓮ 3025

⓯ 4221　⓰ 609　⓱ 7221　⓲ 5609　⓳ 3024　⓴ 9025

レベル3 **ステップ2が暗算できるようになろう！**

1 練習しよう（問題60ページ）

❶ 24×37
| 14 | + | 12 | = | 26 |
（千と×千と）（うち×うち）

❷ 52×11
| 5 | + | 2 | = | 7 |
（千と×千と）（うち×うち）

❸ 46×53
| 12 | + | 30 | = | 42 |
（千と×千と）（うち×うち）

❹ 23×19
| 18 | + | 3 | = | 21 |
（千と×千と）（うち×うち）

2 練習しよう（問題61ページ）

❶ 15×66
| 6 | + | 30 | = | 36 |
（千と×千と）（うち×うち）

❷ 31×57
| 21 | + | 5 | = | 26 |
（千と×千と）（うち×うち）

❸ 17×43
| 3 | + | 28 | = | 31 |
（千と×千と）（うち×うち）

❹ 28×58
| 16 | + | 40 | = | 56 |
（千と×千と）（うち×うち）

❺ 25×34
| 8 | + | 15 | = | 23 |
（千と×千と）（うち×うち）

❻ 71×18
| 56 | + | 1 | = | 57 |
（千と×千と）（うち×うち）

3 練習しよう（問題62ページ）

❶ 41 × 48
32 + 4 = 36
（十と十） （うち×うち）

❷ 56 × 22
10 + 12 = 22
（十と十） （うち×うち）

❸ 49 × 24
16 + 18 = 34
（十と十） （うち×うち）

❹ 37 × 52
6 + 35 = 41
（十と十） （うち×うち）

❺ 16 × 89
9 + 48 = 57
（十と十） （うち×うち）

❻ 81 × 17
56 + 1 = 57
（十と十） （うち×うち）

4 練習しよう（問題63ページ）

❶ 29 × 67
14 + 54 = 68
（十と十） （うち×うち）

❷ 33 × 48
24 + 12 = 36
（十と十） （うち×うち）

❸ 59 × 21
5 + 18 = 23
（十と十） （うち×うち）

❹ 43 × 58
32 + 15 = 47
（十と十） （うち×うち）

❺ 87 × 13
24 + 7 = 31
（十と十） （うち×うち）

❻ 44 × 39
36 + 12 = 48
（十と十） （うち×うち）

レベル4 「超インド式計算法」を頭の中でできるようになろう！

1 練習しよう（問題66ページ）

❶ 29 × 16 = 0 2 5 4
12 + 9
2 1
4 6 4

❷ 21 × 29 = 0 4 0 9
18 + 2
2 0
6 0 9

2 練習しよう（問題67ページ）

❶ 26 × 71 = 1 4 0 6
2 + 42
4 4
1 8 4 6

❷ 88 × 35 = 2 4 4 0
40 + 24
6 4
3 0 8 0

3 練習しよう（問題68ページ）

❶ 34 × 55 = 1 5 2 0
15 + 20
3 5
1 8 7 0

❷ 32 × 74 = 2 1 0 8
12 + 14
2 6
2 3 6 8

4 練習しよう（問題69ページ）

❶ 93×56 = 4 5 1 8
54 + 15　6 9
　　　　　5 2 0 8

❷ 78×29 = 1 4 7 2
63 + 16　7 9
　　　　　2 2 6 2

5 練習しよう（問題70ページ）

❶ 45×63 = 2 4 1 5
12 + 30　4 2
　　　　　2 8 3 5

❷ 14×76 = 0 7 2 4
6 + 28　3 4
　　　　1 0 6 4

6 練習しよう（問題71ページ）

❶ 51×28 = 1 0 0 8
40 + 2　4 2
　　　　1 4 2 8

❷ 65×32 = 1 8 1 0
12 + 15　2 7
　　　　　2 0 8 0

7 練習しよう（問題72ページ）

❶ 54×37 = 1 5 2 8
35 + 12　4 7
　　　　　1 9 9 8

❷ 84×56 = 4 0 2 4
48 + 20　6 8
　　　　　4 7 0 4

8 練習しよう（問題73ページ）

❶ 91×42 = 3 6 0 2
18 + 4　2 2
　　　　3 8 2 2

❷ 27×94 = 1 8 2 8
8 + 63　7 1
　　　　2 5 3 8

1 練習しよう（問題75ページ）

❶ 72×47 = 5 7 / 3 3 8 4

❷ 19×88 = 8 0 / 1 6 7 2

❸ 92×36 = 6 0 / 3 3 1 2

2 練習しよう（問題76ページ）

❶ 58×31 = [2 9] [1 7 9 8]　　❷ 62×19 = [5 6] [1 1 7 8]　　❸ 21×63 = [1 2] [1 3 2 3]

3 練習しよう（問題77ページ）

❶ 45×72 = [4 3] [3 2 4 0]　　❷ 12×79 = [2 3] [9 4 8]　　❸ 64×89 = [8 6] [5 6 9 6]

4 練習しよう（問題78ページ）

❶ 18×27 = [2 3] [4 8 6]　　❷ 19×38 = [3 5] [7 2 2]　　❸ 55×61 = [3 5] [3 3 5 5]

5 練習しよう（問題79ページ）

❶ 94×26 = [6 2] [2 4 4 4]　　❷ 51×74 = [2 7] [3 7 7 4]　　❸ 62×63 = [3 0] [3 9 0 6]

6 練習しよう（問題80ページ）

❶ 47×81 = [6 0] [3 8 0 7]　　❷ 33×29 = [3 3] [9 5 7]　　❸ 76×14 = [3 4] [1 0 6 4]

7 練習しよう（問題81ページ）

❶ 92×64 = [4 8] [5 8 8 8]　　❷ 27×88 = [7 2] [2 3 7 6]　　❸ 11×54 = [0 9] [5 9 4]

8 練習しよう（問題82ページ）

❶ 58×91 = [7 7] [5 2 7 8]　　❷ 73×55 = [5 0] [4 0 1 5]　　❸ 14×79 = [3 7] [1 1 0 6]

9 練習しよう（問題83ページ）

❶18×34 = 28/612   ❷31×42 = 10/1302   ❸86×22 = 28/1892

10 練習しよう（問題84ページ）

❶13×15 = 08/195   ❷99×16 = 63/1584   ❸36×92 = 60/3312

11 練習しよう（問題85ページ）

❶26×73 = 48/1898   ❷61×47 = 46/2867   ❸93×11 = 12/1023

12 練習しよう（問題86ページ）

❶72×15 = 37/1080   ❷64×92 = 48/5888   ❸29×33 = 33/957

13 練習しよう（問題87ページ）

❶83×18 = 67/1494   ❷12×59 = 19/708   ❸41×99 = 45/4059

14 練習しよう（問題88ページ）

❶54×78 = 68/4212   ❷19×72 = 65/1368   ❸34×28 = 32/952

15 練習しよう（問題89ページ）

❶34×31 = 15/1054   ❷22×23 = 10/506   ❸17×16 = 13/272

16 ▷ 練習しよう（問題90ページ）

❶ 57 × 52 = 2964 〈4 5〉 **❷** 62 × 63 = 3906 〈3 0〉 **❸** 43 × 45 = 1935 〈3 2〉

17 ▷ 練習しよう（問題91ページ）

❶ 87 × 82 = 7134 〈7 2〉 **❷** 73 × 76 = 5548 〈6 3〉 **❸** 29 × 24 = 696 〈2 6〉

18 ▷ 練習しよう（問題92ページ）

❶ 76 × 83 = 6308 〈6 9〉 **❷** 53 × 14 = 742 〈2 3〉 **❸** 89 × 22 = 1958 〈3 4〉

19 ▷ 練習しよう（問題93ページ）

❶ 17 × 56 = 952 〈4 1〉 **❷** 48 × 91 = 4368 〈7 6〉 **❸** 21 × 86 = 1806 〈2 0〉

コラム2 おぼえたらもっと計算が速くなる！ **インド式計算法2**

1 ▷ 練習しよう（問題95ページ）

❶ 1001 **❷** 2409 **❸** 2349 **❹** 2916 **❺** 1536 **❻** 2304 **❼** 3481

❽ 1909 **❾** 2501 **❿** 1764 **⓫** 2704 **⓬** 3381 **⓭** 2349 **⓮** 2816

⓯ 1425 **⓰** 2604 **⓱** 2236 **⓲** 2201 **⓳** 2964 **⓴** 2709

まとめテスト ①（問題96ページ）

❶ 1519　❷ 1700　❸ 2124　❹ 1107　❺ 4472　❻ 900　❼ 2331

❽ 588　❾ 2852　❿ 6290

まとめテスト ②（問題97ページ）

❶ 4743　❷ 1645　❸ 1095　❹ 1972　❺ 4428　❻ 1512　❼ 2772

❽ 1064　❾ 2769　❿ 1428

まとめテスト ③（問題98ページ）

❶ 1380　❷ 1634　❸ 1938　❹ 1026　❺ 1794　❻ 3952　❼ 2002

❽ 3243　❾ 2537　❿ 3610

まとめテスト ④（問題99ページ）

❶ 1764　❷ 2728　❸ 1066　❹ 2772　❺ 658　❻ 1392　❼ 1113

❽ 3496　❾ 3124　❿ 1885

まとめテスト ⑤（問題100ページ）

❶ 1175　❷ 608　❸ 1974　❹ 4964　❺ 2668　❻ 4896　❼ 1305

❽ 966　❾ 2592　❿ 1541

まとめテスト ⑥（問題101ページ）

❶ 3192　❷ 1938　❸ 3404　❹ 1764　❺ 1715　❻ 4544　❼ 3588

❽ 1189　❾ 2622　❿ 6882

まとめテスト ⑦（問題102ページ）

❶ 1328　❷ 1634　❸ 3220　❹ 2294　❺ 3276　❻ 1242　❼ 2242

❽ 3956　❾ 1672　❿ 4662

まとめテスト 8 （問題103ページ）

① 3015　② 2047　③ 4368　④ 714　⑤ 1068　⑥ 1161　⑦ 2795

⑧ 1728　⑨ 420　⑩ 3360

まとめテスト 9 （問題104ページ）

① 3102　② 2047　③ 2184　④ 2844　⑤ 4032　⑥ 5460　⑦ 1363

⑧ 1976　⑨ 1922　⑩ 3486

まとめテスト 10 （問題105ページ）

① 3876　② 1200　③ 2847　④ 1484　⑤ 6072　⑥ 4187　⑦ 2928

⑧ 2448　⑨ 8084　⑩ 2652

コラム3 おぼえたらもっと計算が速くなる！ **インド式計算法3**

① 練習しよう （問題107ページ）

① 13×15 = 195

$$(13 + 5) \times 1 = 0\,1\,8$$
$$3 \times 5 = 1\,5$$
$$1\,9\,5$$

② 34×31 = 1054

$$(34 + 1) \times 3 = 1\,0\,5$$
$$4 \times 1 = 0\,4$$
$$1\,0\,5\,4$$

著者略歴

河野 玄斗 (こうの・げんと)

1996年、神奈川県生まれ。

東京大学医学部卒。

在学中に司法試験、医師国家試験に合格。2022年には、公認会計士試験に合格し、三大国家資格を制覇した。

現在は、教育会社の代表となり、登録者数110万人を超えるYouTubeチャンネル「Stardy -河野玄斗の神授業」を運営するほか、受験予備校「河野塾ISM」や勉強グッズブランド「RIRONE」を立ち上げるなど、受験生の支持を集めている。

小学生でも99×99まで暗算できるドリル

2023年12月2日　初版第1刷発行
2024年4月6日　初版第4刷発行

著　　者　　河野 玄斗

発 行 者　　出井 貴完

発 行 所　　SBクリエイティブ株式会社
　　　　　　〒105-0001　東京都港区虎ノ門2-2-1

装　　丁　　小口翔平＋後藤司(tobufune)

イラスト　　加納徳博

本文デザイン・DTP　　エヴリ・シンク

編集担当　　齋藤舞夕(SBクリエイティブ)

印刷・製本　　中央精版印刷株式会社

本書をお読みになったご意見・ご感想を
下記URL、またはQRコードよりお寄せください。

https://isbn2.sbcr.jp/23135/